U0268363

人工智能大模型创新应用与治理研究

RESEARCH ON INNOVATIVE APPLICATION AND GOVERNANCE OF AI LARGE LANGUAGE MODELS

徐凌验◎著

经济管理出版社
ECONOMY & MANAGEMENT PUBLISHING HOUSE

图书在版编目（CIP）数据

人工智能大模型创新应用与治理研究 / 徐凌验著.
-- 北京 : 经济管理出版社, 2024.5

ISBN 978-7-5096-9729-0

Ⅰ. ①人… Ⅱ. ①徐… Ⅲ. ①人工智能—研究 Ⅳ.
①TP18

中国国家版本馆 CIP 数据核字(2024)第 110156 号

组稿编辑：申桂萍
责任编辑：申桂萍
助理编辑：张 艺
责任印制：黄章平
责任校对：陈 颖

出版发行：经济管理出版社
（北京市海淀区北蜂窝 8 号中雅大厦 A 座 11 层 100038）
网 址：www. E-mp. com. cn
电 话：（010）51915602
印 刷：北京晨旭印刷厂
经 销：新华书店
开 本：720mm×1000mm/16
印 张：13
字 数：187 千字
版 次：2024 年 9 月第 1 版 2024 年 9 月第 1 次印刷
书 号：ISBN 978-7-5096-9729-0
定 价：88. 00 元

联系地址：北京市海淀区北蜂窝 8 号中雅大厦 11 层
电话：（010）68022974 邮编：100038

前言

人类历史的长河奔腾向前，回望过去，社会的每一次大飞跃、大变革无不与前沿科学技术的创新突破息息相关。当前，人工智能、区块链、移动互联网、超级计算等新一代信息技术正在呈现集群突破、跨界融合的发展态势。以 2022 年 11 月 30 日 OpenAI 公司推出 ChatGPT 为划时代标志，人工智能大模型进入了全新的发展阶段。一个以深度学习、跨界融合、人机协同、群智开放和自主操控为新特征的未来已近在眼前。

“他山之石，可以攻玉。”美国是人工智能的诞生地，从 1956 年正式提出人工智能学科算起，美国的人工智能已经拥有深厚的理论积淀、算法基础和技术储备。近年来，OpenAI、微软、谷歌等企业的创新探索，奠定了美国在人工智能大模型领域的全球“领头羊”地位。我国人工智能大模型虽相对美国起步较晚，但政策红利频出、应用场景丰富、数据来源广泛、人才资源充沛，完全可以形成具有中国特色的大模型创新应用和治理模式，实现后发跟进乃至赶超，赋能中国式现代化的宏图伟业。本书编写的初衷为立足归纳分析人工智能大模型的发展历程、典型特征、技术路径、应用场景、风险与治理等诸多要素，给行业主管部门、专家学者、一线工程技术人员等各相关方提供研究借鉴和经验参考。

全书共分为四个部分八个章节。第一部分为第 1 章、第 2 章、第 3 章，主要是搭建“四梁八柱”，即在归纳国内外相关研究的基础上介绍了人工智能大模型的发展历程、主要特征、技术细节等基本要素。第二部分为第 4 章，主要是“解剖麻雀”，即探究了美国人工智能大模型快速迭代的原因，浅析了我国大模型发展面临的现实挑战。第三部分为第 5 章、第 6 章，主要是“顶天立地”，即先上升到人类发展史、科技创新史的高度探究人工智能大模型的创新实质，再具体落实到五大领域和 20 个应用场景，分析大模型给经济社会带来的具体变革。第四部分为第 7 章、第 8 章，主要是“防患未然”，即分析了人工智能大模型发展过程中遇到的技术与社会挑战，提出了治理路径，并在展望人工智能大模型未来发展趋势的同时，提出了应对人工智能大模型自身应用及衍生风险的对策建议。

本书的写作得到了国家信息中心信息化和产业发展部单志广主任、胡拥军处长等领导的悉心指导，得到了关乐宁等同事的鼎力帮助。本书也吸纳了笔者与清华大学创新领军工程博士 AI 专委会各位专家交流研讨的部分观点。本书的顺利出版也得益于经济管理出版社的支持与帮助，在此一并表示诚挚谢意。

“未来已来，行则将至。”愿方兴未艾的人工智能技术助力我国经济社会高质量发展，在中华民族伟大复兴的征程中发挥应有的作用。

徐凌验

2024 年于北京

目 录

1 人工智能发展进入新阶段

1.1 人工智能的新内涵

人工智能（Artificial Intelligence，AI）的概念最早出现在20世纪50年代。1950年，艾伦·麦席森·图灵（Alan Mathison Turing）在《计算机器与智能》（*Computing Machinery and Intelligence*）中提出了著名的“图灵测试”，给出了判定机器是否具有“智能”的测试方法。[①] 大意是将人和机器放在一个小黑屋中与屋外的人对话，如果屋外的人分不清对话者是人类还是机器，那么这台机器就拥有像人一样的智能。随后“人工智能”的概念在1956年的达特茅斯会议上被首次提出。经过大半个世纪的发展，随着技术不断迭代、数据快速积累、算力性能提升和算法效力增强，人工智能已经进入了新的发展阶段。今日的人工智能不仅能与人类聊天互动、写作、编曲、绘画、视频制作等创意输出，而且能承担辅助教学、支撑医疗研发、助力科学探究等深度智能工作。例如，2018年10月，世界首次由人工智能创作的画作《埃德蒙·贝拉米画像》在著名艺术品拍卖行佳士得拍卖会上，以43.25万美元（约300万元人民币）的价格成交。[②] 这件作品的成交价超过了估价的45倍，作为第一幅在拍卖行拍卖的由AI创作的作品，一项新的历史纪录已经诞生，引发各界关注。

在人工智能发展过程中，不同时代、不同学科背景的学者对于智慧的

---

① 姜莎，赵明峰，张高毅．生成式人工智能（AIGC）应用进展浅析［J］．移动通信，2023，47（12）：71-78.

② 陶凤，李想．“离谱”AI绘画赚钱不离谱［N］．北京商报，2023-02-02（004）.

理解及其实现方式有着不同的思想主张，并由此衍生了不同的学派，影响较大的学派及其主要思想和代表方法如表 1-1 所示。其中，符号主义及联结主义为主要的两大派系。符号主义（Symbolicism）又称逻辑主义，认为认知就是通过对有意义的表示符号进行推导计算，并将学习视为逆向演绎，主张用显式的公理和逻辑体系搭建人工智能系统，如用决策树模型输入业务特征预测天气。联结主义（Connectionism）又叫仿生学派，笃信大脑的逆向工程，主张利用数学模型来研究人类认知的方法，用神经元的联结机制实现人工智能，如用神经网络模型输入雷达图像数据预测天气。

表 1-1　人工智能主流学派

人工智能学派	主要思想	代表方法
符号主义	认知就是通过对有意义的表示符号进行推导计算，并将学习视为逆向演绎，主张用显式的公理和逻辑体系搭建人工智能系统	专家系统、知识图谱、决策树等
联结主义	利用数学模型来研究人类认知的方法，用神经元的联结机制实现人工智能	神经网络、支持向量机（Support Vector Machines，SVM）等
演化主义	对生物进化进行模拟，使用遗传算法和遗传编程	遗传算法等
贝叶斯主义	使用概率规则及其依赖关系进行推理	朴素贝叶斯等
行为主义	以控制论及感知——动作型控制系统原理模拟行为以复现人工智能	强化学习等

人工智能是研究、开发用于模拟、延伸和扩展人的智能的理论、方法、技术及应用系统的一门技术科学。① 人工智能的研究目的是通过探索智慧的实质，扩展人类智能——促使智能主体会听（语音识别、机器翻译等）、会看（图像识别、文字识别等）、会说（语音合成、人机对话等）、会思考（人机对弈、专家系统等）、会学习（知识表示、机器学习等）、会

① 谭铁牛．人工智能的历史、现状和未来［J］．智慧中国，2019（Z1）：87-91.

行动（机器人、自动驾驶汽车等）。[①] 一个经典的 AI 定义是：智能主体可以理解数据及从中学习，并利用知识实现特定目标和任务的能力。人工智能是智能学科重要的组成部分，它企图了解智能的实质，并生产出一种新的能以人类智能相似的方式做出反应的智能机器。该领域的研究包括机器人、语言识别、图像识别、自然语言处理和专家系统等，人工智能从诞生以来，理论和技术日益成熟，应用领域也不断扩大。[②]

人工智能是新一轮科技革命和产业变革的重要驱动力量。我国《新一代人工智能发展规划》中的新一代人工智能，是指建立在大数据基础上的，受脑科学启发的类脑智能机理综合起来的理论、技术、方法形成的智能系统，人工智能发展进入新阶段。[③] 新一代人工智能是在大数据、超级计算、传感网、脑科学等新理论新技术的驱动引领下，能够自主学习、自主训练、自主优化，具备认知、交互、创造、协同等“类生命智能体”复杂系统能力的新型智能系统，在实践发展中以 ChatGPT、GPT-4 为代表。它具有通用任务解决能力，能够适应多场景多任务，广泛应用于千行百业，对整体经济社会发展都具有巨大赋能潜力。

1.2 人工智能的发展历程

在技术变革推动与经济社会需求拉动的多重驱动作用下，人工智能技术出现了明显的重大突破，进入与之前完全不同的“新一代人工智能”发展阶段。我国《新一代人工智能发展规划》提出，“经过 60 多年的演进，特别是在移动互联网、大数据、超级计算、传感网、脑科学等新理论新技

---

① 谭铁牛．人工智能的历史、现状和未来［J］．智慧中国，2019（Z1）：87-91.

② 王德生．全球人工智能发展动态［J］．竞争情报，2017，13（4）：49-56.

③ 中华人民共和国国务院新闻办公室．国新办举行《新一代人工智能发展规划》政策例行吹风会［EB/OL］．［2024-1-20］．http：//www.scio.gov.cn/gwyzclxcfh/cfh/2017n_14540/2017n07y21r_14662/tw_14664/202208/t20220808_298094.html.

术以及经济社会发展强烈需求的共同驱动下，人工智能加速发展，呈现出深度学习、跨界融合、人机协同、群智开放和自主操控等新特征。大数据驱动知识学习、跨媒体协同处理、人机协同增强智能、群体集成智能、自主智能系统成为人工智能的发展重点，受脑科学研究成果启发的类脑智能蓄势待发，芯片化、硬件化、平台化趋势更加明显，人工智能发展进入新阶段”。

通过梳理人工智能的演进历程，更能认识到新一代人工智能的概念与定位。结合人工智能的演进历程和主流学派，总的来说，人工智能在充满未知的道路探索，曲折起伏，可将人工智能发展大体上划分为四个阶段，大约从第四个阶段开始进入新一代人工智能，如表 1-2 所示。

表 1-2　人工智能演进路线

时间	阶段	核心规则/算法	数据处理量	里程碑
1950~1980 年	早期人工智能（AI）	手写规则	处理少量数据	1950 年：图灵测试 1956 年：提出“人工智能” 1968 年：首台人工智能机器人诞生
1981~2000 年	机器学习（ML）	没有明确编程的学习能力	引入函数与参数分类数据	1980 年：专家系统 XCON 1997 年：“深蓝”打败国际象棋世界冠军
2001~2020 年	深度学习（DL）	基于深度神经网络的学习	大量数据、复杂参数	2006 年：“深度学习”被提出 2016 年：AlphaGo 战胜围棋冠军
2021 年至今	新一代人工智能	超强学习能力、类脑智能发展潜能	海量数据、千亿以上参数	2022 年：ChatGPT 发布 2023 年：GPT-4 多模态大模型问世 2024 年：Sora 文生视频大模型爆火

第一阶段：1950~1980 年，属于早期人工智能阶段。1950 年，艾伦·麦席森·图灵（Alan Mathison Turing）提出了“图灵测试”的概念，用来检测机器智能水平。通过测试机器能否表现出与人无法区分的智能，让机器产生智能这一想法开始进入人们的视野。同年，克劳德·香农（Claude Shannon）提出了计算机博弈。1956 年，达特茅斯会议提出“如何用机器模拟人的智能”，即人工智能，标志着人工智能学科的诞生，因此 1956 年

也成了人工智能元年。人工智能概念提出后，发展出了符号主义、联结主义，相继取得了一系列重大研究成果。1957 年，弗兰克·罗森布拉特（Frank Rosenblatt）在一台 IBM-704 计算机上模拟实现了一种命名为“感知机”（Perceptron）的神经网络模型。

但是，由于当时计算能力严重不足，20 世纪 70 年代，人工智能迎来了第一个“寒冬”。此阶段人工智能大多是手写规则，仅能处理少量数据。大多通过固定指令来执行特定问题，并不具备真正的学习能力和思考能力，问题一旦变复杂，人工智能程序就不堪重负。在此背景下，学者没有停下探索的脚步。

第二阶段：1981~2000 年，机器学习兴起。人工智能进入应用发展的新高潮。专家系统模拟人类专家的知识和经验解决特定领域的问题，实现了人工智能从理论研究走向实际应用、从一般推理策略探讨转向运用专门知识的重大突破。① 而机器学习探索不同的学习策略和各种学习方法，在大量的实际应用中也开始慢慢复苏。1980 年，在美国的卡内基梅隆大学（CMU）召开了第一届机器学习国际研讨会，标志着机器学习研究已在全世界兴起。② 同年，卡内基梅隆大学设计出了第一套专家系统——XCON。该专家系统具有一套强大的知识库和推理能力，可以模拟人类专家来解决特定领域问题。1997 年，IBM 的“深蓝”计算机击败了国际象棋世界冠军卡斯帕罗夫，③ 引起了全球各地的轰动，被称为人工智能发展的里程碑事件。

随着专家系统的应用领域越来越广，问题也逐渐暴露出来。专家系统应用有限，且经常在常识性问题上出错，导致人工智能迎来了第二个“寒冬”。此阶段没有明确编程的学习能力，但引入了函数与参数分类数据。

---

① 谭铁牛．人工智能的历史、现状和未来［J］．智慧中国，2019（Z1）：87-91.

② 林敏．基于机器学习的网络攻击检测综述［J］．数字技术与应用，2010（10）：88-89.

③ 澎湃新闻．24 年前的今天 AI“深蓝”战胜棋王卡斯帕罗夫！盘点国际象棋文化趣闻［EB/OL］．［2024-1-20］．https：//www.thepaper.cn/newsDetail_forward_12621560.

第三阶段：2001~2020年，人工智能进入快速发展阶段。由于互联网技术的迅速发展，加速了人工智能的创新研究，促使人工智能技术进一步走向实用化，[①] 人工智能相关的各个领域都取得长足进步。2006年，"深度学习"这种新型神经网络被提出，可用于解决自然语言处理和语音识别等问题。此后，深度学习技术得到了快速发展，并被广泛应用于各种领域。2016年3月，谷歌公司的人工智能机器人AlphaGo在围棋"人机大战"中击败围棋世界冠军李世石，这被视为人工智能的又一个里程碑事件。

第四阶段：2021年至今，人工智能技术在多个领域取得了重要进展。大数据智能、跨媒体智能、群体智能、混合增强智能、自主智能系统等基础理论和核心技术实现关键突破，大幅跨越了科学与应用之间的技术鸿沟，诸如图像分类、语音识别、知识问答、人机对弈、无人驾驶等人工智能技术[②]实现了重大的技术突破。人工智能模型方法、核心器件、高端设备和基础软件等方面出现一批标志性成果，迎来了爆发式增长的新高潮。如自然语言处理领域，OpenAI公司不到五年迭代了四代产品，呈现迅猛发展之势，2022年12月发布了具有惊人语言理解与生成能力的ChatGPT，仅历时3个多月就推出了多模态大模型GPT-4，发展速度远超"摩尔定律"。视频生成领域，2024年2月，OpenAI公司正式发布其首个文生视频大模型Sora，并展示了其基于文本生成的长达1分钟电影级"一镜到底"高清视频，角色细节、动作流畅度、视觉逼真度等已可"以假乱真"。这是继GPT、DALL·E之后，OpenAI发布的堪称目前全球最强AI视频生成类大模型。OpenAI的一系列大动作正在掀起新一轮AI"军备竞赛"，人工智能发展进入新阶段。[③]

---

①② 谭铁牛．人工智能的历史、现状和未来［J］．智慧中国，2019（Z1）：87-91.

③ 徐凌验．GPT类人工智能的快速迭代之因、发展挑战及对策分析［J］．中国经贸导刊，2023（8）：55-57.

综观人工智能的演进路线和迭代创新，人工智能正成为新的通用目的技术。

1.3 大模型在人工智能应用中的作用

2006年，Hinton和Salakhutdinov提出通过逐层无监督预训练的方式来缓解由于梯度消失而导致的深层网络难以训练的问题，[①] 为神经网络的有效学习提供了重要的优化途径。此后，深度学习在计算机视觉[②]、语音[③]、自然语言处理[④]等众多领域取得了突破性的研究进展[⑤]，开启了新一轮深度学习的发展浪潮。总结过去十多年的技术发展，基于深度学习的人工智能技术主要经历了如下研究范式转变：从早期的“标注数据监督学习”的任务特定模型，到“无标注数据预训练+标注数据微调”的预训练模型，再到如今的“大规模无标注数据预训练+指令微调+人类对齐”的大模型，经历了从小数据到大数据、从小模型到大模型、从专用到通用的发展历程，人工智能技术正逐步进入大模型时代。

大模型是大规模语言模型（Large Language Model，LLM）的简称。语言模型是一种人工智能模型，它被训练成理解和生成人类语言。“大”在“大语言模型”中的意思是指模型的参数量非常大。具体来说，大模型是指具有庞大的参数规模和复杂程度的机器学习模型。在深度学习领域，大

① Hinton G E，Salakhutdinov R R. Reducing the Dimensionality of Data with Neural Networks ［J］. Science，2006，313（5786）：504-507.

② Krizhevsky A，Sutskever I，Hinton G E. Imagenet Classification with Deep Convolutional Neural Networks ［J］. Communications of the ACM，2017，60（6）：84-90.

③ Hinton G E，Deng L，Yu D，et al. Deep Neural Networks for Acoustic Modeling in Speech Recognition：The Shared Views of Four Research Groups ［J］. IEEE Signal Processing Magazine，2012，29（6）：82-97.

④ Mikolov T，Sutskever I，Chen K，et al. Distributed Representations of Words and Phrases and Their Compositionality ［J］. Advances in Neural in Formation Processing Systems，2013（26）：213-216.

⑤ 王卫兵，王卓，徐倩，等. 基于三维卷积神经网络的肺结节分类［J］. 哈尔滨理工大学学报，2021，26（4）：87-93.

模型通常是指具有数百万到数十亿参数的神经网络模型。① 这些模型需要大量的计算资源和存储空间来训练和存储，并且往往需要进行分布式计算和特殊的硬件加速技术。

大模型的设计和训练旨在提供更强大、更准确的模型性能，以应对更复杂、更庞大的数据集或任务。大模型通常能够学习到更细微的模式和规律，具有更强的泛化能力和表达能力。简单来说，就是用大数据模型和算法进行训练的模型，能够捕捉到大规模数据中的复杂模式和规律，从而预测出更加准确的结果。例如，我们在“海里（互联网上）捞鱼（数据）”，捞很多的鱼，再把鱼都放进一个箱子里，逐渐形成规律，最后就能达到预测的可能，相当于一个概率性问题，当这个数据量很大并且具有规律性时，我们就能预测可能性。

大模型（如 GPT、BERT 等）是人工智能中的一种技术手段，在 AI 应用中发挥着重要作用。它利用深度学习、机器学习等方法构建庞大的神经网络模型，以处理和分析复杂的数据，用来解决诸如自然语言处理、图像识别等复杂的任务与问题。例如，在自然语言处理领域，大模型（GPT）可以生成连贯的文本，帮助机器理解和生成自然语言；在图像识别领域，大模型（ResNet、Inception）可以提高图像识别的准确性和效果。大模型主要关注模型的规模和参数量的增加，以提高模型的表示能力和性能，它们通常需要大量的训练数据和计算资源才能进行训练和使用。通过训练大规模的神经网络模型，大模型可以在各种任务中表现出较强的性能和泛化能力。人工智能则是一个更广泛的概念，包含多种技术和方法，涵盖了从数据处理到智能决策的整个范围。人工智能的发展不仅依赖于大模型，还包括传统的机器学习算法、专家系统等其他技术和方法。

2017 年，Transformer 模型的提出，奠定了当前大模型的主流算法架

① 郑佳明，陈家宾，胡杰鑫，等．基于大模型和知识图谱的标准领域融合应用方法研究［J］．中国标准化，2023（23）：39-46.

构；2018 年，基于 Transformer 架构训练的 BERT 模型问世，其参数量首次突破 3 亿规模；随后 T5（参数量 130 亿）、GPT-3（参数量 1750 亿）、Switch Transformer（参数量 1.6 万亿）、智源“悟道 2.0”大模型（参数量 1.75 万亿）、阿里巴巴达摩院多模态大模型 M6（参数量 10 万亿）等预训练语言大模型相继推出，参数量实现了从亿级到万亿级的突破；2022 年底至今，ChatGPT 引爆全球大模型创新热潮，国内科技厂商竞争尤为激烈。南都大数据研究院根据公开资料不完全统计显示，截至 2023 年 11 月 30 日，国内已经有至少 200 家大模型厂商推出了自己的大模型，① 当前已真正进入“百模大战”阶段。

① 南方都市报．一年超 200 个国产大模型出世，数看百模大战竞争格局［EB/OL］．［2024-1-20］．https：//baijiahao．baidu．com/s？id=1784084080802793923．

2　人工智能大模型正成为新的通用目的技术

2.1　人工智能大模型正呈现四大鲜明特征

人工智能大模型发展迅速，以美国 OpenAI 公司推出的生成式预训练变换器（Generative Pre-trained Transformer，GPT）深度学习模型和谷歌的 BERT 模型为例，人工智能大模型演进速度已呈现远超“摩尔定律”的趋势。早在 2018 年，OpenAI 公司就推出了 1.17 亿参数的 GPT-1，谷歌也推出了 3 亿参数的 BERT。GPT 与 BERT 采用了不同的技术路线。BERT 属于双向模型，擅长联系上下文进行分析；GPT 则属于单项模型，更擅长顺序阅读与分析。最终技术竞争的结果是 GPT-1 居于劣势，BERT 成为 NLP 领域最常用的模型。

经受挫折的 OpenAI 没有改变原有技术策略，2019～2020 年，在几乎没有改变模型架构的基础上陆续推出参数更大的迭代版本 GPT-2、GPT-3，前者有 15 亿参数，后者有 1750 亿参数。GPT-2 在性能上已经超过 BERT，GPT-3 又更进一步，几乎可以完成如面向问题的搜索、阅读理解、语义推断、机器翻译、文章生成和自动问答等[①]自然语言处理的绝大部分任务。

在 GPT-3 成功发布的基础上，OpenAI 公司研究人员引入“人类反馈强化学习机制”（RLHF），即通过人工标注对模型输出结果打分，建立奖励模型，再通过回答分数和优化参数继续循环迭代奖励模型。通过海量训

① 刘朝晖．对话机器人诞生，打开人机交互大门［J］．新民周刊，2023（45）：40-41.

练，OpenAI 公司获得了更好的遵循用户意图的语言模型 InstructGPT，并同期开始构建 InstructGPT 的姊妹模型——ChatGPT（基于 GPT-3.5 版本）。2022 年 11 月以来，ChatGPT 已成为互联网历史上传播速度最快的应用。发布两个月后，ChatGPT 用户突破了 1 亿，达到相当成绩的 TikTok 用了约九个月，Instagram 用了超过两年。2023 年 3 月 15 日，OpenAI 公司发布全新一代多模态大模型 GPT-4，持续引发各界热议。

综观以 GPT 为代表的人工智能大模型的快速迭代创新（见图 2-1），其发展呈现出鲜明特征。

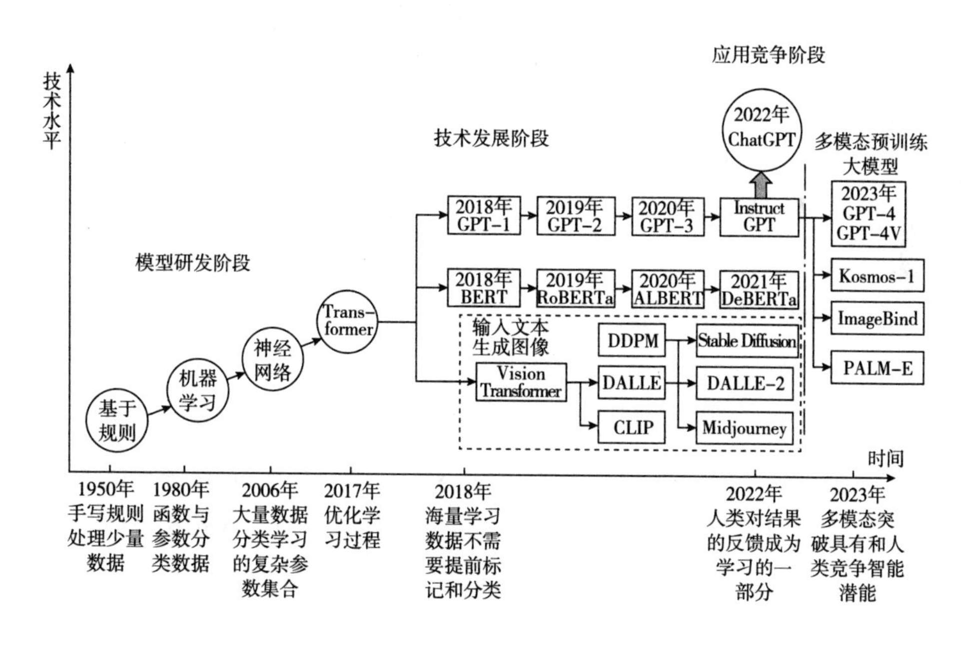

图 2-1　人工智能大模型的快速迭代创新

一是表现形式从知识表达到知识学习的跨越。传统人工智能仅限于对已有知识的被动复制和表达，GPT 类新一代人工智能在实验室条件下已经具备了一定的自主学习能力，甚至在某些方面达到了和人类智能竞争的水平。OpenAI 在最近关于通用人工智能的声明中指出，从某个时间点以后，在开始训练未来的系统之前，进行独立的审查可能非常重要，而对于创建新模型所用算力的增长速度，也应该有所限制。

二是处理对象从单模态到多模态的跨越。以 4.0 版本为标志，GPT 类人工智能已实现了多模态突破，即在传统文本处理能力的基础上，能够实现图像、超大文本的输入输出反馈，形成跨媒体的认知、学习、推理。随着技术迭代的加速，未来还将有望实现对音频、视频等多模态数据的进一步融合，完成各类复杂跨模态任务，促进大模型算法、算力基础设施、下游 B 端通用应用软件等领域爆发式增长，打开 AI 商业化应用空间。

三是主客关系从机器智能到人机/脑机协同的跨越。新一代人工智能已超出了技术革命范畴，应被定义为一次深层次智慧革命。技术革命基本上是通过对有形物质结构和物质载体关系的重构与改造带来功能升级；智慧革命则是无形的信息和程序迭代变化带来的认识和控制能力智慧升级。前者以物质变化为基础，迭代速度慢；后者以信息形式变化为基础，以指数级加速度迭代。智慧革命是人类所制造的智能工具与人类自身相互融合协作、智能迭代匹配的过程，“主人”与“帮手”不再截然分立，主客融合、人机/脑机无缝对接渐成常态。

四是辐射范围从单点智能向跨界互联跨越。ChatGPT 的横空出世具有划时代意义，人类文明可能将进入以数据为基本生产要素、以算法+算力为核心生产力的智能文明时代。新的时代个体智能将让位于基于互联网和大数据的群体智能，融合与集智将“以点带面”推动人工智能与产业资源快速、深度融合。例如，单一功能的拟人化机器将轻而易举地互联学习、迭代升级，形成功能更为宏阔的智能工厂、智能无人机系统等智能自主系统。

2.2 通用目的技术的概念与特征

技术进步是经济增长的源泉，技术变革是“富裕的杠杆”，是推动经济长期增长的最重要单一力量。[①] 1909~1949 年，美国劳动生产率增长有 7/8 归因于技术进步。2019 年欧盟委员会指出，在过去的几十年，欧洲大约 2/3 的经济增长由创新驱动。[②]

作为现代经济增长理论中的一种重要概念，通用目的技术（General Purpose Technology，GPT）被认为是经济增长的引擎。斯坦福大学的 Bresnahan 和特拉维夫大学的 Trajtenberg 曾指出，GPT 具有普遍适用性（Pervasiveness）、技术潜在进步性（Potential for Technical Improvement）和创新互补性（Innovation Complementarities）三个基本特征。[③] 历史上，蒸汽机、电气化、半导体等技术即常见的通用目的技术（GPT）。普遍适用性指该技术具有普遍性，适用于在绝大多数行业发挥作用；技术潜在进步性指随着时间的推移，该技术能不断改进，如质量提升、成本下降等；创新互补性指一方面该技术的进步能够提升研发效率、促进迭代升级，另一方面反过来可以促进技术本身的创新和进步。

后来部分学者在 Bresnahan 和 Trajtenberg 的基础上做了进一步研究，提出了更多的研究视角。例如，加拿大学者 Clifford Bekar 等定义了通用目的技术的六个特征，以和其他技术区分开来：①使能技术；②创新互补性；③普遍的生产力收益；④为下游部门创新提供必要条件；⑤普遍性；⑥没有相近替代技术。[④] 加拿大经济学家、熊彼特奖得主 Richard Lipsey 把通用目的技术划分为产品、流程和组织三类，并提出，有史以来只有 23 种技术可以被称为通用目的技术（见表 2-1）。其中，产品类有 13 项（轮子、青铜、铁、水车、三桅帆船、铁路、铁轮船、内燃机、电力、机动

① Abramovitz M. Resource and Output Trends in the United States Since 1870 [J]. The American Economic Review, 1956, 46 (2): 5-23.

② 蔡翠红，于大皓. 美国"印太战略"背景下的中国与东盟数字经济合作及其挑战 [J]. 同济大学学报（社会科学版），2023，34（2）：26-39.

③ Bresnahan T, Trajtenberg M. General Purpose Technologies: "Engines of Growth"? [J]. Journal of Econometrics, 1995, 65 (1): 83-108.

④ Beker C, Carlaw K, Lipsey R. General Purpose Technologies in Theory, Application and Controversy: A Review [R]. Simon Fraser University Department of Economics Working Papers, 2016.

车、飞机、计算机、互联网），流程类有7项（植物驯化、动物驯养、矿石冶炼、写作、印刷、生物技术、纳米技术），组织类3项（工厂体系、批量生产/连续过程/工厂、精益生产）。①

表2-1 23种通用目的技术划分

类别	通用目的技术（GPT）
产品类（13项）	轮子、青铜、铁、水车、三桅帆船、铁路、铁轮船、内燃机、电力、机动车、飞机、计算机、互联网
流程类（7项）	植物驯化、动物驯养、矿石冶炼、写作、印刷、生物技术、纳米技术
组织类（3项）	工厂体系、批量生产/连续过程/工厂、精益生产

我国学术界对通用目的技术也进行了探索研究，认为通用目的技术是产业革命中的关键共性技术，具有多种应用场景和广阔发展空间，从初期的特定应用最终扩展到在多个部门被广泛应用，具有显著的“头雁”效应和创新溢出效应，促进生产、流通、组织方式的优化，对产业转型和经济增长发挥乘数倍增作用。②

结合各学者的观点，本书认为通用目的技术具有以下特征：

普遍适用性（Pervasiveness）：能广泛应用于各领域、各行业。

潜在进步性（Potential for Technical Improvement）：通过持续发展，能得到不断的多维度改进，如性能提升、方法优化、应用更广、成本更低等。

创新互补性（Innovation Complementarities）：技术创新能提高效率，进一步反作用于自身的发展。

融合赋能性（Integration Empowerment）：能与其他领域技术或应用进行融合，产生乘数倍增效果。

---

① 方兴东，钟祥铭．ChatGPT革命的理性研判与中国对策——如何辨析ChatGPT的颠覆性变革逻辑和未来趋势［J］．西北师范大学学报（社会科学版），2023，60（4）：23-36.

② 谭涛．昇腾AI助力科研创新蓬勃发展［J］．软件和集成电路，2022（12）：44-45.

2.3 人工智能大模型正成为新的通用目的技术

2.3.1 应用向通用化领域跨越，具备普遍适用性

在消费端，新一代人工智能可以为互联网提供大量的内容产品，从而提升互联网的丰富性和用户的使用体验。Web 1.0 时代，互联网内容主要来自专业生产内容（Professional Generated Content，PGC），内容数量较少；Web 2.0 时代，用户生产内容（User Generated Content，UGC）开始大幅增加，很大程度上丰富了互联网的生态，带来了多姿多彩的互联网内容。随着生成式人工智能的面世，尤其是以 ChatGPT 为代表的人工智能大模型这种新型内容创作方式的发展，它继承了 PGC 和 UGC 的优点，并充分发挥技术优势，打造了全新的数字内容生成与交互形态。目前，人工智能大模型已在日常办公、搜索、教育、金融服务、医疗服务等领域得到了应用。在供给端，人工智能大模型可以在工业设计、药物研发、材料科学等各领域得到良好应用。以芯片设计为例，在设计过程中，设计人员通常需要在微小的晶片上尝试各种组件的排列方案，排列方案甚至可能达到数十亿种，如果依靠人力对这些方案逐一尝试，就会产生巨大的经济成本和人力成本，研发周期也会非常久。针对以上问题，很多企业已开始将人工智能大模型应用到芯片的设计当中。例如，谷歌正在利用生成式 AI 辅助设计张量处理器（Tensor Processing Unit，TPU）芯片，英伟达也在其图形处理器（Graphics Processing Unit，GPU）芯片的设计当中使用了生成式 AI。纽约大学坦登工程学院通过与 ChatGPT 及与之相关的人工智能的 124 次对话，成功让 GPT-4 设计出一个 8 位累加器微处理器芯片并顺利制造出来。① 中

① 田美谈科技．史无前例！不懂芯片的研究人员，用 AI 设计出了一颗芯片［EB/OL］．［2023-07-29］．https：//baijiahao. baidu. com/s？ id=1769553334981511331&wfr=spider&for=pc.

国科学院计算技术研究所用AI技术设计出了世界上首个无人工干预、全自动生成的中央处理器（Central Processing Unit，CPU）芯片——启蒙1号。这颗完全由AI设计的32位RISC-V CPU，比GPT-4目前所能设计的电路规模大4000倍，可运行Linux操作系统，且性能堪比Intel 486。[①]

2.3.2 模型方法演进一路狂飙，具备潜在进步性

一是模型规模的迭代升级快。以GPT系列的发展为例：2018年6月推出的GPT-1参数仅为1.1亿，预训练数据量也仅有5GB；2019年2月推出的GPT-2参数达到15亿，预训练数据量也增加到了40GB；2020年5月发布的GPT-3参数已经猛增到1750亿，预训练数据量也猛涨到45TB。[②] 二是模型性能的极大飞跃。仍以GPT系列为例，GPT-3之前的表现并不突出，一度无法超过同时期的其他大模型（如GPT-1比不过同期的BERT），但短短两年后发布的GPT-3和ChatGPT，无论在语义识别、逻辑推理，还是问题解决方面都有了质的飞跃。根据OpenAI官方发布的技术报告，GPT-4参加美国律师资格考试，可以胜过90%的人类考生。三是从单模态向多模块跨越。以最常见的文本处理为例，当用户发出指令后，人工智能模型将文本指令转码为数字序列，分析含义及意图，[③] 生成运行结果并转码为文本输出。以4.0版本为标志，GPT类人工智能已实现了多模态的多维度向量化突破，即在传统文本处理能力的基础上，能够实现图像、超大文本等多数据类型的输入与编码，联合分析处理与输出反馈，最终完成跨媒体的认知、学习与推理。例如，Midjourney等模型可以根据输入文字信息输出图形，GPT-4可从图形中读取信息并生成文字，也能根据文字生成

---

① 半导体产业纵横．中国团队推出世界首颗AI全自动设计CPU［EB/OL］．［2023-07-29］．https：//baijiahao.baidu.com/s？id=1770122348594759316&wfr=spider&for=pc.

② 陈永伟．作为GPT的GPT——新一代人工智能的机遇与挑战［J］．财经问题研究，2023（6）：41-58.

③ 蒲清平，向往．生成式人工智能——ChatGPT的变革影响、风险挑战及应对策略［J］．重庆大学学报（社会科学版），2023，29（3）：102-114.

图形，而微软的 Kosmos-1 模型可以同时处理文字、图形、音频和视频。随着技术迭代的加速，未来还将有望实现对音频、视频等更多模态数据的进一步融合，完成各类复杂跨模态任务，促进大模型算法、算力基础设施、通用应用软件等领域爆发式增长，打开人工智能商业化应用空间。四是表现形式从知识表达到知识学习。从技术的本质来看，人工智能是人类大脑的功能模拟。[①] 传统人工智能仅限于对已有知识的被动复制和表达，ChatGPT 能够以自然语言同用户就部分主题展开连续性对话，激发用户的表达欲，实现人机“意见互掷”模式。[②] 在大幅增加了参数量和训练数据后，GPT-3 和 ChatGPT 等人工智能大模型无论是语意识别能力、逻辑推理能力，还是解决问题的能力都有了很大提升。通过人类反馈强化学习机制（Reinforcement Learning from Human Feedback，RLHF）训练范式，GPT 类新一代人工智能在实验室条件下已经具备了一定的自主学习能力，甚至在某些方面达到了和人类智能竞争的水平。

2.3.3 技术不断迭代升级发展，具备创新互补性

一是推动人工智能技术创新。近十年，人工智能的发展对数据语料具有非常高的依赖性，正是有着海量数据做支撑，人工智能大模型才迎来了“井喷式”发展。此外，人工智能大模型能够对训练数据提供数据语料方面的良性补充，助力突破机器学习的数据“瓶颈”。例如，麻省理工学院、波士顿大学和 IBM 曾联合做过一项研究，用真实数据和合成数据分别训练模型识别人类行为，结果是采用合成数据进行训练的模型表现要比采用真实数据进行训练的模型更优。[③] 二是促进方法论的提升。人工智能大模型

① 黄欣荣，刘亮．从技术与哲学看 ChatGPT 的意义［J］．新疆师范大学学报（哲学社会科学版），2023，44（6）：123-130.

② 蒲清平，向往．生成式人工智能——ChatGPT 的变革影响、风险挑战及应对策略［J］．重庆大学学报，2023（4）：102-114.

③ Zewe A. In Machine Learning, Synthetic Data Can Offer Real Performance Improvements［EB/OL］．［2022-10-03］. https：//news. mit. edu/2022/synthetic-data-ai-improvements-1103.

可以以更加低廉的成本探索更多科学方法论组合，在更大程度上探索新的方法论、新的应用场景、新的要素组成。现在 AIGC 类新一代人工智能生物、化学、制药等领域的应用即例证。例如，谷歌旗下的人工智能公司 DeepMind 开发了一款名为 AlphaFold 的软件，它能够利用深度学习和神经网络等技术，准确地预测出人体和其他有机体的 35 万种蛋白质的结构，并将这些结构放入公开的数据库免费供全球科研人员使用。这被认为是人工智能在生物学领域的一次历史性突破，有可能引发医学和生物学的革命。

2.3.4　向智能化跨界互联辐射，具备融合赋能性

一是人工智能大模型走向跨界融合。ChatGPT 的横空出世产生了划时代意义，人类文明可能将进入以数据为基本生产要素、以“算法+算力”为核心生产力的智能文明时代。① 新的时代个体智能将让位于基于互联网和大数据的群体智能，融合与集智将“以点带面”推动人工智能与产业资源快速、深度融合。二是人工智能大模型应用辐射渐广。ChatGPT 的出现打破了智能机器单线程、单一任务导向的限制。现阶段的人工智能大模型可以处理更加复杂的任务。以 ChatGPT 为例，其不但具备根据用户指令进行自然语言文本生成、信息检索和整合等基础功能，还可以轻松从事社交、翻译、论文写作、代码编程、视频制作、辅助教育、科研探索、医疗研发等创新工作。② 不仅如此，人工智能大模型应用的领域还在进一步扩大，其适应多领域、多场合、多任务的优点正促使其进一步跨界互联。例如，单一功能的拟人化机器将轻而易举地互联学习、迭代升级，形成功能更为宏阔的智能工厂、智能无人机系统等智能自主系统。在产业辐射带动

① 徐凌验，关乐宁，单志广 . GPT 类人工智能对我国的六大变革和影响展望［J］. 中国经贸导刊，2023（5）：35-38.

② 蒲清平，向往 . 生成式人工智能——ChatGPT 的变革影响、风险挑战及应对策略［J］. 重庆大学学报（社会科学版），2023，29（3）：102-114.

方面，《智能计算中心创新发展指南》预计 2020~2030 年我国人工智能核心产业规模的年均复合增长率达 20. 9%，带动相关产业规模的年均复合增长率达 25. 9%。①

① 国家信息中心．智能计算中心创新发展指南［R］．国家信息中心，2023.

3 人工智能大模型的相关技术

3.1 大模型技术概述

2022 年底，由 OpenAI 发布的语言大模型 ChatGPT 引发了社会的广泛关注。在“大模型+大数据+大算力”的加持下，ChatGPT 能够通过自然语言交互完成多种任务，具备了多场景、多用途、跨学科的任务处理能力。ChatGPT 开创了更自然、更流畅的人机交互方式，使人工智能系统能够更贴近人类的语言表达和需求，正在信息检索、写作创意、编程辅助等领域发挥越来越重要的作用。随着技术的不断迭代发展，人工智能大模型正在深入赋能各行各业，未来有望成为人工智能领域的关键基础设施，引发了持续关注和讨论热潮。

本次大模型热潮主要由语言大模型（也称为大语言模型）引领。语言大模型能够学习大量的语言知识与世界知识，并且通过指令微调、人类对齐等关键技术拥有面向多任务的通用求解能力。语言大模型的发展不是一蹴而就的，而是经历了一些关键领域的突破[①]及多个发展阶段。

3.1.1 萌芽期

人工智能大模型萌芽期进行了很多探索。1956 年，从计算机专家约翰·麦卡锡提出“人工智能”概念开始，AI 发展由最开始基于小规模专家知识逐步发展为基于机器学习。20 世纪 70 年代，贾里尼克提出 N-gram 模

① Zhao W X，et al. A Survey of Large Language Models ［Z］. 2023.

型是最常用的统计语言模型之一，主要基于马尔可夫假设建模文本序列的生成概率。N-gram[①]语言模型认为，下一个词汇的生成概率只依赖于前面出现的N个词汇（即N阶马尔可夫假设）。此类语言模型的问题在于容易受到数据稀疏问题的影响，需要使用平滑策略改进概率分布的估计，对于文本序列的建模能力较弱。

针对统计语言模型存在的问题，神经语言模型主要通过神经网络建模目标词汇与上下文词汇的语义共现关系，能够有效捕获复杂的语义依赖关系，更为精准建模词汇的生成概率。1980年，卷积神经网络的雏形（Convolutional Neural Networks，CNN）诞生。1998年，现代卷积神经网络的基本结构LeNet-5诞生，机器学习方法由早期基于浅层机器学习的模型，变为了基于深度学习的模型，为自然语言生成、计算机视觉等领域的深入研究奠定了基础，对后续深度学习框架的迭代及大模型发展具有开创性的意义。

3.1.2 沉淀期

2013年，自然语言处理模型Word2Vec[②]诞生，首次将单词转换为向量的“词向量模型”，简化了神经语言模型的网络架构，可以从无监督语料中学习可迁移的词表示（又称为词向量或词嵌入），以便计算机更好地理解和处理文本数据。2014年，被誉为21世纪最强大算法模型之一的GAN（对抗式生成网络）诞生，标志着深度学习进入了生成模型研究的新阶段，为后续预训练语言模型的研究奠定了基础。

预训练语言模型主要是基于“预训练+微调”的学习范式构建，首先通过自监督学习任务从无标注文本中学习可迁移的模型参数，进而通过有

---

① Jelinek F. Continuous Speech Recognition by Statistical Methods [J]. Proceedings of the IEEE, 1976, 64 (4): 532-556.

② Tomas Mikolov, Ilya Sutskever, Kai Chen, et al. Distributed Representations of Words and Phrases and Their Compositionality [Z]. 2013.

监督微调适配下游任务。早期的代表性预训练语言模型包括 ELMo①、GPT-1② 和 BERT③ 等。其中，ELMo 模型基于传统的循环神经网络（长短时记忆神经网络，LSTM）④ 构建，存在长距离序列建模能力弱的问题。2017 年，Google 颠覆性地提出了基于自注意力机制的神经网络结构——Transformer⑤ 架构，神经网络序列建模能力得到了显著的提升，奠定了大模型预训练算法架构的基础。2018 年，OpenAI 和 Google 分别发布了 GPT-1 和 BERT 大模型，意味着预训练大模型成为自然语言处理领域的主流。在探索期，以 Transformer 为代表的全新神经网络架构，奠定了大模型的算法架构基础，使大模型技术的性能得到了显著提升。2020 年，OpenAI 公司推出了 GPT-3，模型参数规模达到了 1750 亿，成为当时最大的语言模型，并且在零样本学习任务上实现了巨大性能提升。⑥

3.1.3 爆发期

在预训练语言模型的研发过程中，一个重要的经验性法则是扩展定律（Scaling Law）⑦：随着模型参数规模和预训练数据规模的不断增加，模型能力与任务效果将会随之改善。图 3-1 展示了 2018~2023 年典型预训练模

---

① Matthew E，et al. Deep Contextualized Word Representations，Association for Computational Linguistics，2018（5）：2227-2237.

② Radforal A，et al. Accuracy Comparison of GPT and SBAS Troposphere Models for GNSS Data Processing［J］. Journal of Positioning，Navigation，and Timing，2018，7（3）：183-188.

③ Reddy V，Telidevara S. Hate Detectors at HASOC 2020：Hate Speech Detection Using Classical Machine Learning and Transfer Learning Based Approaches［J］. CEUR Workshop Proceedings，2020（2826）：274-282.

④ Jun Song，Siliang Tang，Jun Xiao，et al. LSTM-in-LSTM for Generating Long Descriptions of Images［J］. Computational Visual Media，2016，2（4）：379-388.

⑤ Vaswani A，Shazeer N，Parmar N，et al. Attention is All You Need［J］. Advances in Neural Information Processing Systems，2017（30）：5998-6008.

⑥ 刘聪，李鑫，殷兵，等. 大模型技术与产业——现状、实践及思考［J］. 人工智能，2023（4）：32-42.

⑦ Kaplan J，McCandlish S，Henighan T，et al. Scaling Laws for Neural Language Models［Z］. 2020.

型的参数量变化趋势。OpenAI 在研发 GPT 系列模型过程中，主要探索了 GPT-1① （1.1 亿参数）、GPT-2 （15 亿参数）② 以及 GPT-3 （1750 亿参数）③ 三个不同参数规模的模型，谷歌也推出了参数规模高达 5400 亿参数的 PaLM 模型。④ 当模型参数规模达到千亿量级，语言大模型能够展现出多方面的能力跃升。⑤

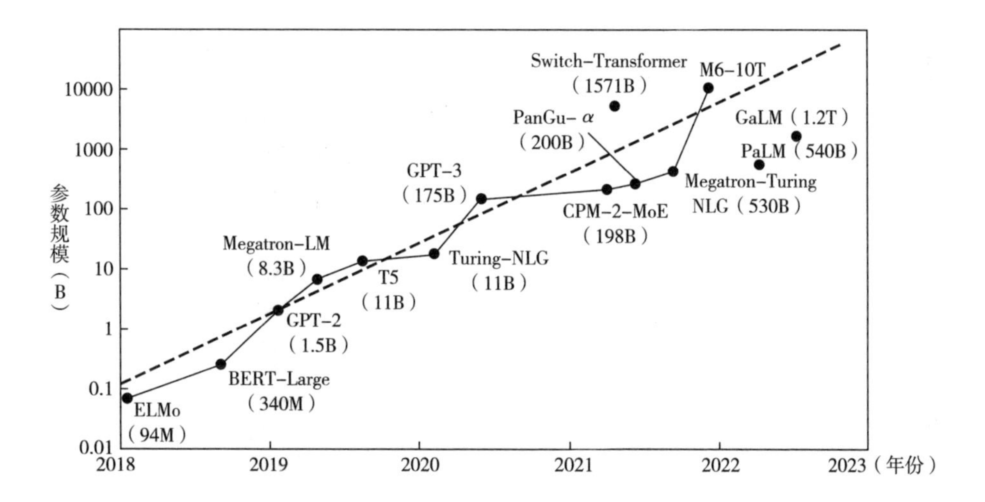

图 3-1　2018~2023 年模型参数规模变化

资料来源：《中国人工智能系列白皮书——大模型技术（2023 版）》。

近年来，基于人类反馈的强化学习（Reinforcement Learning from Hu-

① Radford A, Narasimhan K, Salimans T, et al. Improving Language Understanding by Generative Pre-training [Z]. 2018.

② Radford A, Wu J, Child R, et al. Language Models are Unsupervised Multitask Learners [J]. OpenAI Blog, 2019, 1 (8): 9.

③ Brown T, Mann B, Ryder N, et al. Language Models are Few-shot Learners [J]. Advances in Neural Information Processing Systems, 2020 (33): 1877-1901.

④ Sathish Sekar, Shriram K. Vasudevan, Kaushik Velusamy, et al. Ubiquitous Palm Display and Fingertip Tracker System Using Opencv [J]. Journal of Computer Science, 2013, 10 (3): 382-392.

⑤ Wei J, Tay Y, Bommasani R, et al. Emergent Abilities of Large Language Models [Z]. 2022.

man Feedback，RLHF）①、指令微调（Instruction Tuning）② 等更多用于进一步提高推理能力和任务泛化。基于人类反馈的强化学习（见图 3-2）将人类标注者引入大模型的学习过程中，训练与人类偏好对齐的奖励模型，进而有效指导语言大模型的训练，使模型能够更好地遵循用户意图，生成符合用户偏好的内容。指令微调利用格式化（指令和回答配对）的训练数据加强大模型的通用任务泛化能力。

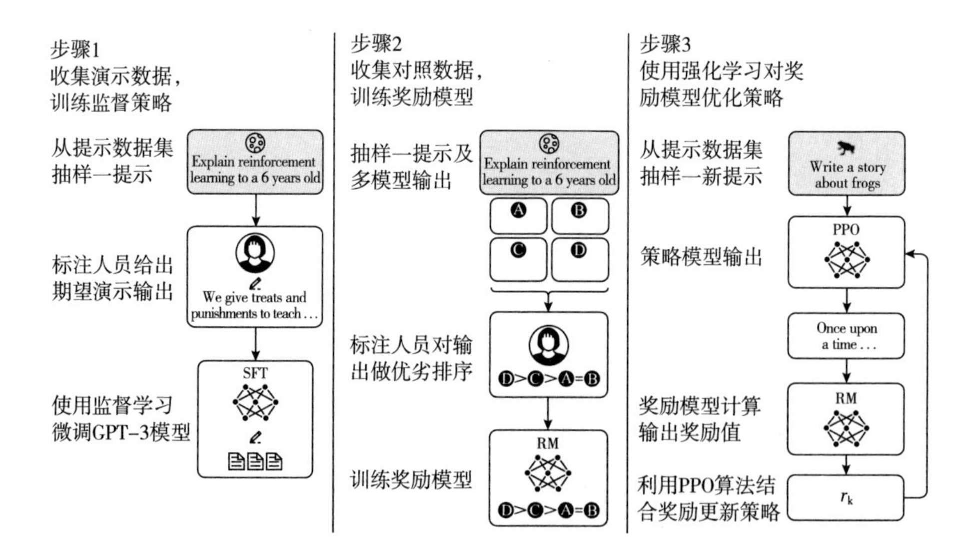

图 3-2 基于人类反馈强化学习的算法

2022 年 11 月，基于 GPT3.5 底层框架的 ChatGPT 横空出世，迅速引爆互联网。2023 年 3 月，OpenAI 公司发布超大规模多模态预训练大模型——GPT-4。2024 年 2 月，OpenAI 公司首个人工智能文生视频大模型

---

① Ouyang L, Wu J, Jiang X, et al. Training Language Models to Follow Instructions with Human Feedback [J]. Advances in Neural Information Processing Systems, 2022 (35): 27730-27744.

② Wei J, Bosma M, Zhao V Y, et al. Finetuned Language Models are Zero-shot Learners [Z]. 2021.

Sora爆火。在迅猛发展期，“大数据+大算力+大算法”促使人工智能大模型一路狂飙，极大提高了预训练效率效果及多模态理解、多场景应用、多维度内容生成等实用性。例如，ChatGPT的巨大成功，就是在微软Azure强大的算力以及wiki等海量数据支持下，在Transformer架构基础上，坚持GPT模型及人类反馈的强化学习（RLHF）进行精调的策略下取得的。

通过回顾上述发展历程，可以看到语言模型并不是一个新的技术概念，而是历经了长期的发展历程。早期的语言模型主要面向自然语言的建模和生成任务，更新的语言模型（如GPT-4）则侧重于复杂任务的求解。从语言建模到任务求解，这是人工智能科学思维的一次重要跃升，是理解语言模型前沿进展的关键所在。

3.2 语言大模型技术

近年来，在Transformer架构基础上构建的预训练语言模型成为人工智能主流技术范式，引发了研究及应用热潮。其采用“预训练+微调”方法，一是在大规模无标注数据上进行自监督训练得到预训练模型，二是在下游各种自然语言处理任务上的小规模有标注数据进行微调得到适配模型。

3.2.1 Transformer架构

Transformer架构①是一种用于自然语言处理和其他序列到序列任务的深度学习模型架构，在2017年由Vaswani等人首次提出，已发展为目前语言大模型采用的主流架构，② 其基于自注意力机制（Self-attention Mechanism）模型，主要思想是通过自注意力机制获取输入序列的全局信息，并

① Vaswani A, Shazeer N, Parmar N, et al. Attention is all You Need [J]. Advances in Neural Information Processing Systems, 2017 (30): 5998-6008.

② Zhao W X, et al. A Survey of Large Language Models [Z]. 2023.

将这些信息通过网络层进行传递。Transformer 架构包含编码层与 Transformer 模块两个核心组件：

编码层，主要是将输入词序列映射到连续值向量空间进行编码，每个词编码由词嵌入和位置编码构成，由二者加和得到：

（1）词嵌入，在 Transformer 架构中，词嵌入是输入数据的第一步处理过程，它将词映射到高维空间中的向量，可以捕获词汇的词义和语法关系等信息。每个词都被转化为一个固定长度的向量，然后被送入模型进行处理。

（2）位置编码，由于自注意力机制本身对位置信息不敏感，为了让模型能够理解序列中的顺序信息，引入了位置编码。

Transformer 模块，由自注意力层、全连接前馈层、残差连接和层归一化操作等基本单元组成。通过自注意力机制获取输入序列的全局信息，并将这些信息通过网络层进行传递。

在 Transformer 模型被提出之后，它也衍生出了相当一部分的变体，包括在编码器和解码器中出现了不同方式的注意力机制、归一化操作、残差连接、前馈层和位置编码等。

3.2.2 语言大模型架构

现有的语言大模型基本是以 Transformer 模型作为基础架构来构建的，不过它们在所采用的具体结构上通常存在差异，如只使用 Transformer 编码器或解码器，或者同时使用两者。从建模策略的角度，语言大模型架构大致可以分为三类：[①]

一是掩码语言建模。掩码语言建模（Masked Language Modeling,

---

① Liu P, Yuan W, Fu J, et al. Pre-train, Prompt, and Predict: A Systematic Survey of Prompting Methods in Natural Language Processing［J］. ACM Computing Surveys, 2023, 55（9）: 1-35.

MLM）是基于 Transformer 编码器的双向模型，其中 BERT① 和 RoBERTa② 是典型代表。这类模型通过掩码语言建模任务进行预训练，BERT 中还加入了下一句预测（Next Sentence Prediction，NSP）任务。

二是自回归语言建模。自回归语言模型在训练时通过学习预测序列中的下一个词来建模语言，主要是通过 Transformer 解码器来实现。自回归语言模型的优化目标为最大化对序列中每个位置的下一个词的条件概率的预测。代表性模型包括 OpenAI 的 GPT 系列模型③④、Meta 的 LLaMA 系列模型⑤和 Google 的 PaLM 系列模型⑥。

三是序列到序列建模。序列到序列模型是建立在完整 Transformer 架构上的序列到序列模型，即同时使用编码器—解码器结构，代表性模型包括 T5⑦ 和 BART⑧。

3.2.3 语言大模型关键技术

语言大模型技术主要包括模型预训练、适配微调、提示学习等。

3.2.3.1 语言大模型的预训练

支撑语言大模型高效训练的技术主要包括高效预训练策略、高质

① Devlin J，Chang M W，Lee K，et al. Bert：Pre-training of Deep Bidirectional Transformers for Language Understanding [Z]. 2018.

② Liu Y，Ott M，Goyal N，et al. Roberta：A Robustly Optimized Bert Pretraining Approach [Z]. 2019.

③ Brown T，Mann B，Ryder N，et al. Language Models are Few-shot Learners [J]. Advances in Neural Information Processing Systems，2020（33）：1877-1901.

④ OpenAI. Gpt-4 technical report. 2023，https：//cdn. openai. com/papers/gpt-4. pdf.

⑤ Touvron H，Martin L，Stone K，et al. Llama 2：Open Foundation and Fine-tuned Chat Models [Z]. 2023.

⑥ Chowdhery A，Narang S，Devlin J，et al. Palm：Scaling Language Modeling with Pathways [Z]. 2022.

⑦ Raffel C，Shazeer N，Roberts A，et al. Exploring the Limits of Transfer Learning with a Unified Text-to-text Transformer [J]. Journal of Machine Learning Research，2020（21）：1-67.

⑧ Lewis M，Liu Y，Goyal N，et al. BART：Denoising Sequence-to-Sequence Pre-training for Natural Language Generation，Translation，and Comprehension [C]//Proceedings of ACL，2020：7871-7880.

量训练数据、高效的模型架构等。[①]以高效预训练策略为例，其主要思路是采用不同的策略以更低成本实现对语言大模型的预训练。第一种是在预训练中设计高效的优化任务目标，可以使模型利用每个样本更多的监督信息，从而实现模型训练的加速。第二种是热启动策略，在训练开始时线性地提高学习率，以解决在预训练中单纯增加批处理大小可能会导致优化困难的问题。第三种是渐进式训练策略，该方法认为不同的层可以共享相似的自注意力模式，首先训练浅层模型，其次复制构建深层模型。第四种是知识继承方法，即在模型训练中同时学习文本和已经预训练语言大模型中的知识，以加速模型训练。第五种是可预测扩展策略[②]，在大模型训练初期，利用大模型和小模型的同源性关系，通过拟合系列较小模型的性能曲线预测大模型性能，指导大模型训练优化。OpenAI 在 GPT-4 训练中，使用 1000~10000 倍较少计算资源训练的小模型可靠地预测 GPT-4 某些性能，大幅降低了模型训练成本。

3.2.3.2 语言大模型的适配微调

语言大模型由于在大规模通用领域数据预训练通常缺乏对特定任务或领域的知识，因此需要适配微调。[③]微调可以帮助模型更好地适应特定需求，同时不暴露原始数据。此外，微调可以提高部署效率、减少计算资源需求。指令微调是适配微调的关键技术。

指令微调[④]是一种可以帮助语言大模型实现人类语言指令遵循、进一步训练语言大模型的过程。指令微调涉及指令理解、指令数据获取和指令

①③ 陶建华，聂帅，车飞虎．语言大模型的演进与启示［J］．中国科学基金，2023，37（5）：767-775.

② OpenAI. Gpt-4 technical report. 2023，https：//cdn. openai. com/papers/gpt-4. pdf.

④ Ouyang L，Wu J，Jiang X，et al. Training Language Models to Follow Instructions with Human Feedback［J］. Advances in Neural Information Processing Systems，2022（35）：27730-27744.

对齐等内容。[①]

（1）指令理解指语言大模型准确理解人类语言指令的能力。为了增强对指令的理解，许多工作采用多任务提示方式对基于指令描述的大量任务集上对语言大模型进行微调。

（2）指令数据获取指如何构建包含多样性的任务指令数据。指令数据构建常见有三种方式：一是基于公开人工标注数据构建；二是借助语言大模型的自动生成构建；三是基于人工标注方法。

（3）指令对齐，语言大模型有时可能会出现创造虚假信息、追求错误目标或产生有偏见的内容[②]的情形。其根本原因在于语言大模型在预训练时仅通过语言模型建模，未涉及人类的价值观或偏好。为了解决这一问题，研究者提出了“指令对齐”，使语言大模型的输出更符合人类的预期。为实现模型输出与对人类价值的对齐，InstructGPT 提出了一种基于人类反馈的微调方法，利用了强化学习技术，将人类反馈纳入模型微调过程。ChatGPT 也采用了相似的技术，以确保产生高质量且无害的输出。指令对齐的广泛应用，适配微调从纯数据学习的传统微调范式开始逐步向人类学习范式转变。

3.2.3.3 语言大模型的提示学习

在大模型输入中设计合适的语言指令提示的技术称为模型提示技术。代表性的提示技术有指令提示和思维链提示。

指令提示，也称为提示学习。指令提示核心思想是避免强制语言大模型适应下游任务，通过提供“提示”给数据嵌入额外的上下文以重新组织下游任务，使之看起来更像是在语言大模型预训练过程中解决的问

① 陶建华，聂帅，车飞虎．语言大模型的演进与启示［J］．中国科学基金，2023，37（5）：767-775.

② Zhao W X，et al. A Survey of Large Language Models［Z］. 2023.

题。① 指令提示有三种形式：

（1）少样本提示，指在一个自然语言提示后面附加一些示例数据，作为语言大模型的输入，可以提高语言大模型在不同领域和任务上的适应性和稳定性。

（2）零样本提示，是指不使用任何示例数据，只依靠一个精心设计的提示来激活语言大模型中与目标任务相关的知识和能力。零样本提示关键问题包括如何设计合适的提示、如何选择最优的提示等。

（3）上下文学习，也称情境学习，是指将一个自然语言问题作为语言大模型的输入，并将其答案作为输出。② 情境学习可以看作一种特殊形式的少样本提示。其挑战在于，如何确保问题质量、如何评估答案正确性等。

思维链③是一种提示技术，已被广泛用于激发语言大模型的多步推理能力，类似于人类使用深思熟虑的过程来执行复杂的任务。在思维链提示中，中间自然语言推理步骤的例子取代了少样本提示中的〈输入，输出〉，形成了〈输入，思维链，输出〉三元组结构。思维链被认为是语言大模型的“涌现能力”，通常只有模型参数规模增大到一定程度后，才具有采用思维链能力。

3.3 人工智能大模型典型代表 GPT-4

根据 OpenAI 公司发布的 GPT-4 技术报告，GPT-4 是一个大规模的多

---

① Radford A, Narasimhan K, Salimans T, et al. Improving Language Understanding by Generative Pre-training [R]. 2018.

② Brown T, Mann B, Ryder N, et al. Language Models are Few-shot Learners [J]. Advances in Neural Information Processing Systems, 2020 (33): 1877-1901.

③ Wei J, Wang X, Schuurmans D, et al. Chain-of-thought Prompting Elicits Reasoning in Large Language Models [J]. Advances in Neural Information Processing Systems, 2022 (35): 24824-24837.

模态模型，可以接受图像和文本输入并产生文本输出。虽然 GPT-4 在许多现实世界的场景中能力不如人类，但在各种专业和学术基准上表现出人类水平的性能，[①] 包括在模拟的律师考试中，GPT-4 以大约前 10%的应试者的分数通过。GPT-4 Transformer 的模型，预先训练它来预测文档中的下一个标记，训练后的调整过程使事实性和遵循预期行为的衡量标准的表现得到改善。这个核心部分是开发基础设施和优化方法，这些方法在大相径庭的规模上表现得可预测。

3.3.1 简介

GPT-4 是一个能够处理图像和文本输入并产生文本输出的大型多模态模型。此类模型是一个重要的研究领域，因为它们有潜力被用于各种应用中，如对话系统、文本摘要和机器翻译。因此，近年来它们一直是人们关注的对象，并取得了很大的进展。

开发此类模型的主要目标之一是提高其理解和生成自然语言文本的能力，特别是在更复杂和细致的情景中。为了测试其在此类场景中的能力，GPT-4 在各种最初为人类设计的考试中进行了评估。在这些评估中，它表现得相当好，而且经常超过绝大多数人类应试者的分数。例如，在模拟的律师考试中，GPT-4 取得的分数位列所有参与测试者的前 10%。这与 GPT-3.5 形成鲜明对比，后者的分数位列所有参与测试者的后 10%。

在一套传统的 NLP 基准测试中，GPT-4 超过了以前的大型语言模型和大多数最先进的系统（这些系统通常有特定的基准训练或手工工程）。在 MMLU 基准测试，一套涵盖 57 个科目的英语选择题中，GPT-4 不仅在英

---

① 蒋红海．AI 自动编程时代的单片机原理教学探讨［J］．装备制造技术，2023（11）：112-114+132.

语中的表现超过了现有大部分模型，而且在其他语言中也表现出强大的性能。

尽管 GPT-4 拥有较强的能力，但它与早期的 GPT 模型有类似的局限性，如 GPT-4 不完全可靠（可能遭受“幻觉”），上下文窗口有限，并且不从经验学习。特别是在对可靠性要求很高的情况下，要谨慎使用 GPT-4 的输出结果。GPT-4 的能力和局限性是重大而新颖的安全挑战，鉴于其潜在的社会影响，对这些挑战的认真研究将是未来一个重要的研究领域。

3.3.2 可预测的规模化

GPT-4 项目的一大重点是建立一个可预测地扩展的深度学习栈。主要原因是，对于像 GPT-4 这样的大型训练运行，进行大量的特定模型调整是不可行的。为了解决这个问题，OpenAI 公司开发了基础设施和优化方法，这些方法在多个规模上有非常可预测的行为。这些改进能够可靠地预测 GPT-4 某些方面的性能，从使用 1000~10000 倍计算量训练的较小模型。

3.3.2.1 损失预测

正确训练的大型语言模型的最终损失被认为是由用于训练模型的计算量的幂次定律来近似的。

为了验证优化基础设施的规模化能力，通过拟合带有不可减少的损失项的缩放定律来预测 GPT-4 在内部代码库（不属于训练集）中的最终损失。使用相同方法训练的模型，但使用的计算量最多比“GPT-4”少 10000 倍。这一预测是在运行开始后不久做出的，没有使用任何部分结果。拟合的缩放定律高度准确地预测了 GPT-4 的最终损失（见图 3-3）。

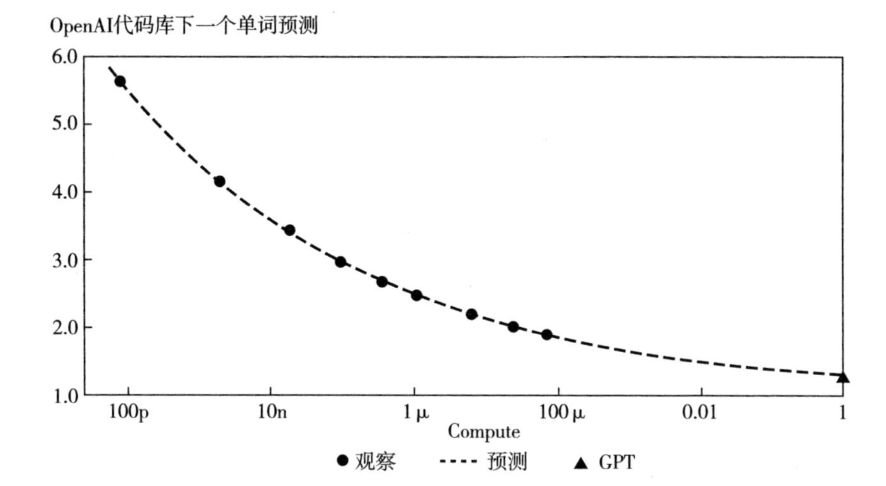

图 3-3 GPT-4 和小型模型的性能

资料来源：OpenAI 技术报告。

该指标是在源自内部代码库的数据集上的最终损失。这是一个方便的、大型的代码词元数据集，不包含在训练集中。选择看损失，因为在不同的训练计算量中，它的噪声往往比其他衡量标准小。虚线显示的是对较小模型（不包括 GPT-4）的幂次定律拟合；这个拟合准确地预测了 GPT-4 的最终损失。X 轴是归一化的训练计算量，因此 GPT-4 为 1。

3.3.2.2 HumanEval 能力规模化

在训练前对模型的能力有一个认识，可以改善围绕调整、安全和部署的决策。除了预测最终损失，还开发了预测更多可解释性能力指标的方法。其中一个指标是 HumanEval 数据集的通过率，它衡量了合成不同复杂度的 Python 函数的能力。最终成功地预测了 HumanEval 数据集的一个子集的通过率。

该指标是 HumanEval 数据集子集上的平均对数通过率。虚线显示了对小型模型（不包括 GPT-4）的幂次定律拟合；该拟合准确地预测了 GPT-4 的性能。X 轴是训练计算量的标准化，因此 GPT-4 为 1（见图 3-4）。

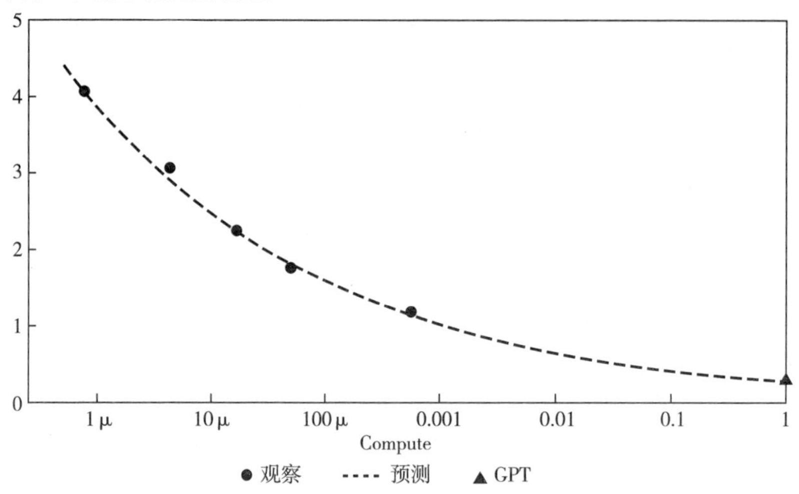

图 3-4　GPT-4 和小型模型的性能（HumanEval 数据集的通过率）

资料来源：OpenAI 技术报告。

某些能力仍然难以预测。例如，Inverse Scaling 奖提出了几个任务，这些任务的模型性能随着规模的变化而下降。最终发现 GPT-4 扭转了这一趋势，如图 3-5 所示，在其中一项名为 Hindsight Neglect 的任务中，准确率显示在 Y 轴上，越高越好。Ada、Babbage 和 Curie 指的是通过 OpenAI API 提供的模型。

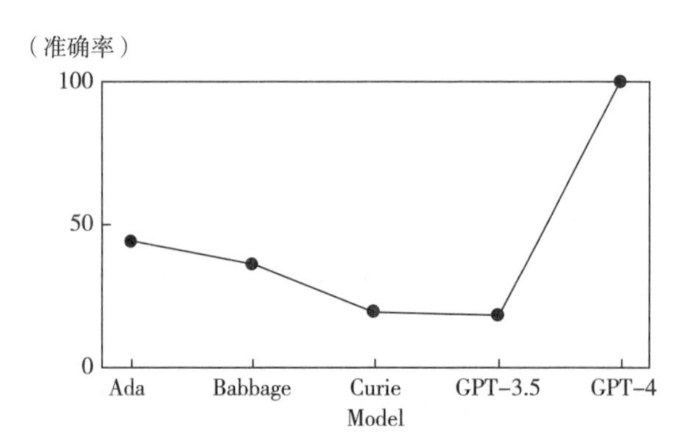

图 3-5　GPT-4 和更小的模型在 Hindsight Neglect 任务上的表现

资料来源：OpenAI 技术报告。

准确预测未来的能力对安全是很重要的。展望未来，OpenAI 计划在大型模型训练开始之前，完善这些方法并登记各种能力的性能预测。

3.3.3 能力

3.3.3.1 应试能力

在一系列不同的基准上测试了 GPT-4，包括模拟最初为人类设计的考试。考试中的少数问题是模型在训练过程中看到的；对于每场考试，都会运行一个去除这些问题的变体，并报告两者中较低的分数。考试内容是公开可用的材料，考试的题型包括选择题和自由回答题；每种形式的考试设有单独的提示，并在需要输入的问题中加入了图像。评估的设置是根据考试的一组验证集的成绩设计的，报告的最终结果基于预留的测试考试。总分是通过结合选择题和自由回答题的分数来确定的，使用的是每场考试公开可用的方法。估计并报告每个总分所对应的百分位数。

在每个案例中，都模拟了真实考试的条件和评分。报告了 GPT-4 根据考试的具体评分标准所评定的最终分数，以及达到 GPT-4 分数的应试者的百分数（见表 3-1）。

表 3-1　GPT 在学术和专业考试中的表现

考试项目	GPT-4	GPT-4（no vison）	GPT-3.5
统一律师考试（MBE+MEE+MPT）	298/400（第 90 位）	298/400（第 90 位）	213/400（第 10 位）
LSAT	163（第 88 位）	161（第 83 位）	149（第 40 位）
SAT 循证阅读与写作	710/800（第 93 位）	710/800（第 93 位）	670/800（第 87 位）
SAT 数学	700/800（第 89 位）	690/800（第 89 位）	590/800（第 70 位）
研究生入学考试（GRE）数量推理	163/170（第 80 位）	157/170（第 62 位）	147/170（第 25 位）
研究生入学考试（GRE）口语	169/170（第 99 位）	165/170（第 96 位）	154/170（第 63 位）

续表

考试项目	GPT-4	GPT-4（no vison）	GPT-3.5
研究生入学考试（GRE）写作	4/6（第 54 位）	4/6（第 54 位）	4/6（第 54 位）
USABO 2020 年半决赛	87/150（第 99~第 100 位）	87/150（第 99~第 100 位）	43/150（第 31~第 33 位）
USNCO 2022 年地方部分考试	36/60	38/60	24/60
医学知识自我评估计划	75%	75%	53%
Codeforces 评级	392（低于第 5）	392（低于第 5）	260（低于第 5）
AP 艺术史	5（第 86~第 100 位）	5（第 86~第 100 位）	5（第 86~第 100 位）
AP 生物学	5（第 85~第 100 位）	5（第 85~第 100 位）	4（第 62~第 85 位）
AP 微积分	4（第 43~第 59 位）	4（第 43~第 59 位）	1（第 0~第 7 位）
AP 化学	4（第 71~第 88 位）	4（第 71~第 88 位）	2（第 22~第 46 位）
AP 英语语言与写作	2（第 14~第 44 位）	2（第 14~第 44 位）	2（第 14~第 44 位）
AP 英语文学与写作	2（第 8~第 22 位）	2（第 8~第 22 位）	2（第 8~第 22 位）
AP 环境科学	5（第 91~第 100 位）	5（第 91~第 100 位）	5（第 91~第 100 位）
AP 宏观经济学	5（第 84~第 100 位）	5（第 84~第 100 位）	2（第 33~第 48 位）
AP 微观经济学	5（第 82~第 100 位）	4（第 60~第 82 位）	4（第 60~第 82 位）
AP 物理 2	4（第 66~第 84 位）	4（第 66~第 84 位）	3（第 30~第 66 位）
AP 心理学	5（第 83~第 100 位）	5（第 83~第 100 位）	5（第 83~第 100 位）
AP 统计学	5（第 85~第 100 位）	5（第 85~第 100 位）	3（第 40~第 63 位）
AP 美国政府	5（第 88~第 100 位）	5（第 88~第 100 位）	4（第 77~第 88 位）
AP 美国史	5（第 89~第 100 名）	4（第 74~第 89 位）	4（第 74~第 89 位）
AP 世界史	4（第 65~第 87 位）	4（第 65~第 87 位）	4（第 65~第 87 位）
AMC 10	30/150（第 6~第 12 位）	36/150（第 10~第 19 位）	36/150（第 10~第 19 位）
AMC 12	60/150（第 45~第 66 位）	48/150（第 19~第 40 位）	30/150（第 4~第 8 位）
侍酒师入门（理论知识）	92%	92%	80%
认证侍酒师（理论知识）	86%	86%	58%
高级侍酒师（理论知识）	77%	77%	46%
Leetcode（初级）	31/41	31/41	12/41
Leetcode（中级）	21/80	21/80	8/80
Leetcode（高级）	3/45	3/45	0/45

资料来源：OpenAI 技术报告。

在每个案例中，都模拟了真实考试的条件和评分。考试是根据 GPT-3.5 的表现从低到高排序的。GPT-4 在大多数考试中的表现都超过了 GPT-3.5。为了保守起见，报告了百分位数范围的下限，但这在 AP 考试中产生了一些假象，因为 AP 考试的得分区间非常宽。例如，尽管 GPT-4 在 AP 生物学考试中获得了可能的最高分（5/5），但由于 15%的应试者达到了这个分数，所以在图 3-6 中显示为 85%。

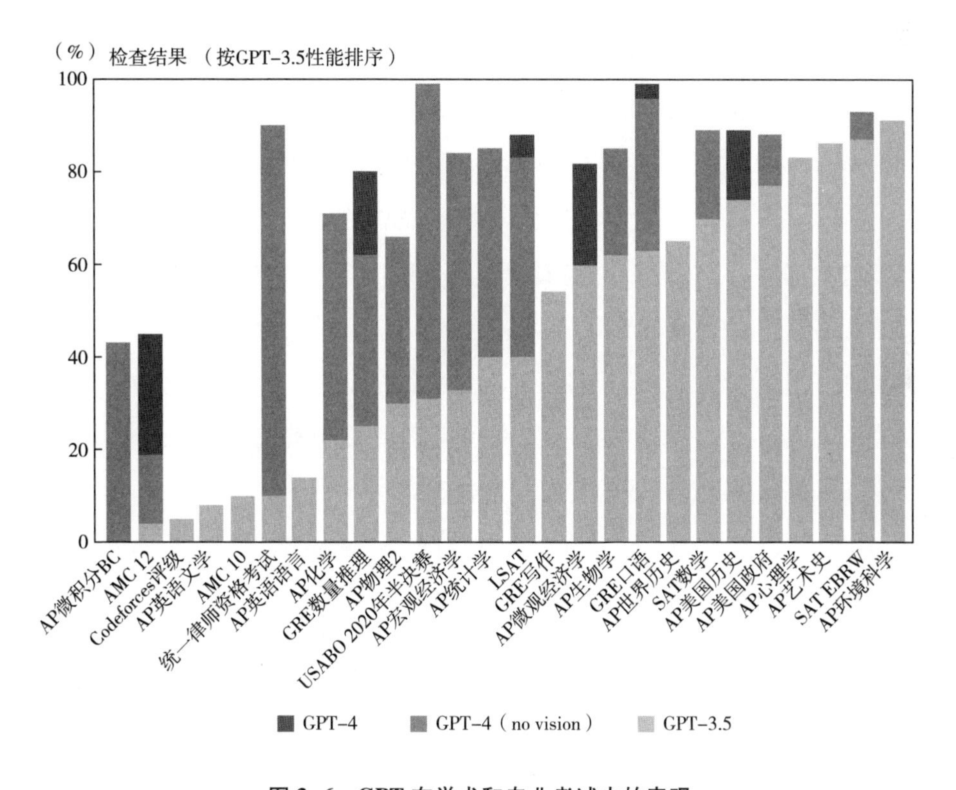

图 3-6　GPT 在学术和专业考试中的表现

资料来源：OpenAI 技术报告。

GPT-4 在大多数的学术和专业考试中都表现出了人类的水平。值得注意的是，它通过了统一律师考试的模拟版本，成绩在应试者中名列前茅。

该模型在考试中的能力主要源于预训练过程，并没有受到 RLHF 的影响。在选择题上，基础 GPT-4 模型和 RLHF 模型在测试的考试中平均表现同样出色。

对于报告的每个基准，就训练集中出现的测试数据进行了污染检查。在评估 GPT-4 时，对所有基准都使用了小样本提示。

GPT-4 的性能明显超过了现有的语言模型，以及以前最先进的系统（SOTA），这些系统通常有针对基准的精心调整或额外的训练协议。

在污染检查中，发现 BIG-bench 的部分内容无意中被混入了训练集，因此在报告的结果中排除了它。对于 GSM-8K，在 GPT-4 的预训练混合中包括部分训练集，在评估时使用了思维链提示法。

将 GPT-4 与 SOTA（有针对基准的训练）和使用小样本评估的 LM SOTA 进行比较。GPT-4 在所有基准上都优于现有的 LM，并且在除 DROP 外的所有数据集上，通过针对基准的训练击败了 SOTA。对于每项任务，都报告了 GPT-4 的性能以及用于评估的少量方法。对于 GSM-8K，在 GPT-4 的预训练组合中包含了部分训练集，在评估时使用了思维链提示法。对于选择题，向模型呈现所有的答案，并要求模型选择答案的字母（ABCD），类似于人类解决此类问题的方式（见表 3-2）。

表 3-2　GPT-4 在学术基准上的表现

	GPT-4	GPT-3.5	LM SOTA	SOTA
	Evaluated few-shot	Evaluated few-shot	Best external LM evaluated few-shot	Best external model (incl. benchmark-specific tuning)
MMLU [43]	**86.4%**	70.0%	70.7%	75.2%
Multiple-choice questions in 57 subjects (professional & academic)	5-shot	5-shot	5-shot U-PaLM [44]	5-shot Flan-PaLM [45]
HellaSwag [46]	**95.3%**	85.5%	84.2%	85.6
Commonsense reasoning around everyday events	10-shot	10-shot	LLaMA (validation set) [28]	ALUM [47]

续表

	GPT-4	GPT-3.5	LM SOTA	SOTA
	Evaluated few-shot	Evaluated few-shot	Best external LM evaluated few-shot	Best external model (incl. benchmark-specific tuning)
AI2 Reasoning Challenge (ARC) [48]	**96.3%**	85.2%	85.2%	86.5%
Grade-school multiple choice science questions. Challenge-set.	25-shot	25-shot	8-shot PaLM [49]	ST-MOE [18]
WinoGrande [50]	**87.5%**	81.6%	85.1%	85.1%
Commonsense reasoning around pronoun resolution	5-shot	5-shot	5-shot PaLM [3]	5-shot PaLM [3]
HumanEval [37]	**67.0%**	48.1%	26.2%	65.8%
Python coding tasks	0-shot	0-shot	0-shot PaLM [3]	CodeT+GPT-3.5 [51]
DROP [52] (F1 score)	80.9	64.1	70.8	**88.4**
Reading comprehension & arithmetic.	3-shot	3-shot	1-shot PaLM [3]	QDGAT [53]
GSM-8K [54]	**92.0%***	57.1%	58.8%	87.3%
Grade-school mathematics questions	5-shot chain-of-thought	5-shot	8-shot Minerva [55]	Chinchilla+SFT+ORM-RL, ORM reranking [56]

资料来源：OpenAI 技术报告。

3.3.3.2 跨语言能力

许多现有的 ML 基准是用英文编写的。为了初步了解 GPT-4 在其他语言中的能力，使用 Azure Translate 将 MMLU 基准——一套涵盖 57 个科目的多选题翻译成各种语言。GPT-4 在测试的大多数语言（包括拉脱维亚语、威尔士语和斯瓦希里语等低资源语言）中的表现都优于 GPT-3.5 和现有语言模型（Chinchilla 和 PaLM）（见图 3-7）。

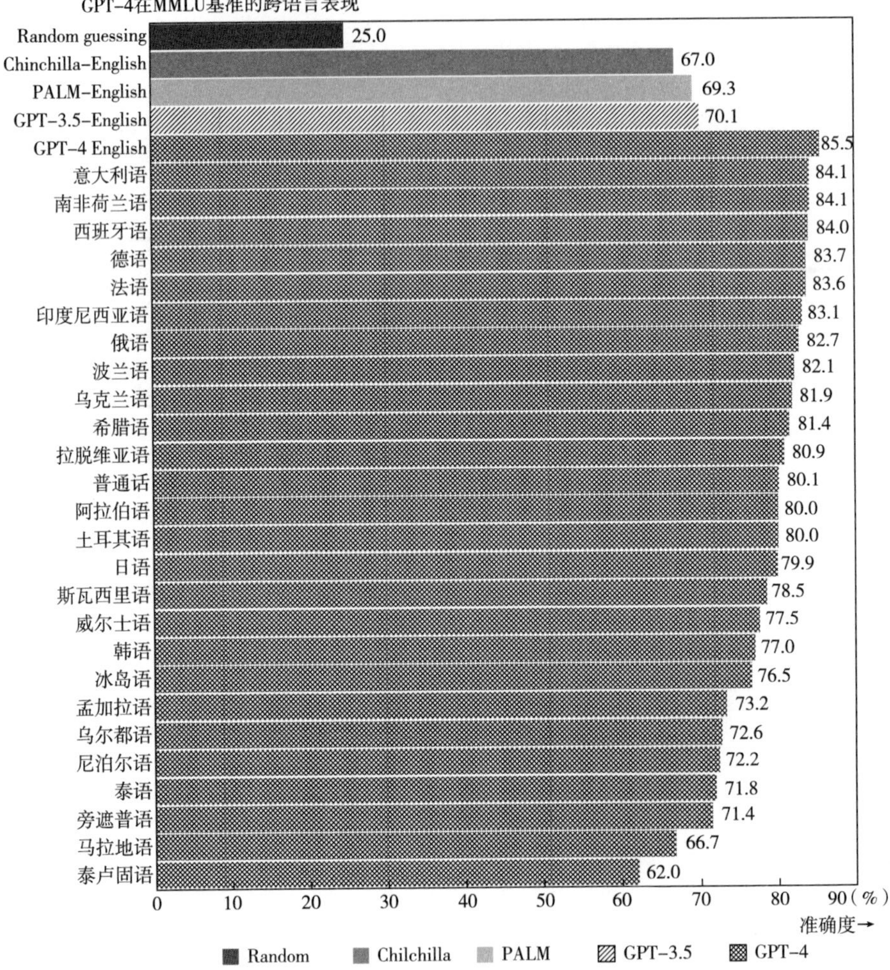

图 3-7　GPT-4 在各种语言中的表现

资料来源：OpenAI 技术报告。

GPT-4 在遵循用户意图的能力方面比以前的模型有很大的改进。在提交给 ChatGPT 和 OpenAI API 的 5214 个提示的数据集和 70.2%的提示中，GPT-4 产生的响应比 GPT-3.5 产生的响应更受欢迎。

通过收集 ChatGPT 和 OpenAI API 发送的用户提示，从每个模型中抽出一个响应，并将这些提示和响应发送给标注人员，标注人员被要求判断该反应是否用户根据提示所希望的。不仅标注人员没有被告知哪个响应是由哪个模型产生的，而且响应呈现的顺序是随机的。不仅过滤掉含有任何种类的不允许或敏感内容的提示，包括个人身份信息、性内容、仇恨言论和类似内容。还过滤了简短（如“你好，ChatGPT!”）和过于常见的提示。

目前正在开源 OpenAI Evals，这是用于创建和运行评估 GPT-4 等模型的基准框架，同时逐一检查性能样本。Evals 与现有的基准兼容，并可用于跟踪部署中模型的性能。随着时间的推移增加这些基准的多样性，以代表更广泛的故障模式和更难的任务集。

3.3.3.3 视觉输入

GPT-4 不仅接受纯文本设置，也接受由图像和文本组成的提示，同时可以让用户指定任何视觉或语言任务。具体来说，该模型根据任意交错的图像和文本组成的输入生成文本输出。在一系列的范畴中，包括带有文字和照片的文件、图表或屏幕截图，GPT-4 表现出与纯文本输入类似的能力。GPT-4 视觉输入能力的提示，如图 3-8 所示。

3.3.4 局限性

尽管 GPT-4 有很强的能力，但 GPT-4 也存在与早期 GPT 模型类似的局限性。最重要的是，它仍然不是完全可靠的（它对事实产生“幻觉”，并出现推理错误）。在使用语言模型的输出时，特别是在高风险的情况下，应该非常小心，并且使用确切的协议（如人类审查、用额外的上下文托底，或完全避免高风险的使用）与具体应用的需要相匹配。

相对于以前的 GPT-3.5 模型，GPT-4 极大地减少了幻觉的产生（随着不断的迭代，它们本身也在不断改进）。在内部对抗性设计的事实性评估中，GPT-4 的得分比最新的 GPT-3.5 高 19 个百分点（见图 3-9）。

GPT-4 视觉输入示例：

用户　这张照片有什么有意思的地方？请逐条描述。

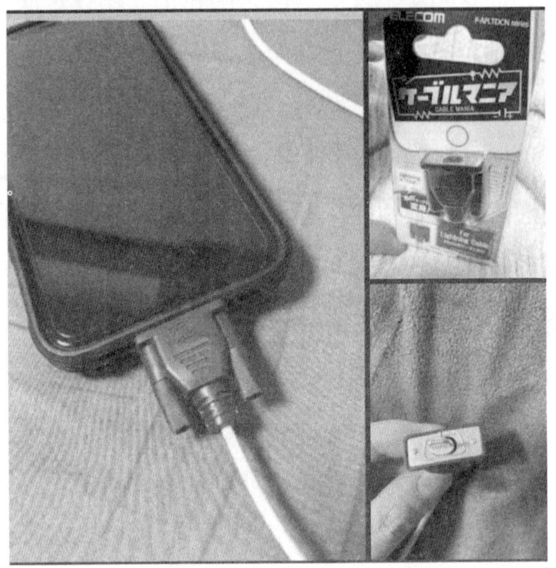

Source: https://www.reddit.com/r/hmmm/comments/ubab5v/hmmm/

GPT-4　此图展示了一个包含三个面板的“闪电电缆”适配器包。

条目1：一款智能手机，充电端口插入VGA接口（一个蓝色的15针大接口，通常用于电脑显示器）。

条目2：“闪电电缆”适配器的包装，上面有VGA连接器的图片。

条目3：VGA连接器的特写，末端有一个小型闪电连接器（用于为iPhone和其他苹果设备充电）。

这张照片中的幽默来自将一个过时的大VGA连接器插入一个现代化的小型智能手机充电端口的荒谬做法。

图 3-8　GPT-4 视觉输入能力的提示示例

Y 轴表示准确率，数值越大代表准确率越高。准确率为 1.0 意味着模型的答案被判断为与人类对评价中所有问题的理想答案一致。将 GPT-4 与基于 GPT-3.5 的三个早期版本的 ChatGPT 进行比较后发现，GPT-4 在所有题目上都有明显的提高。

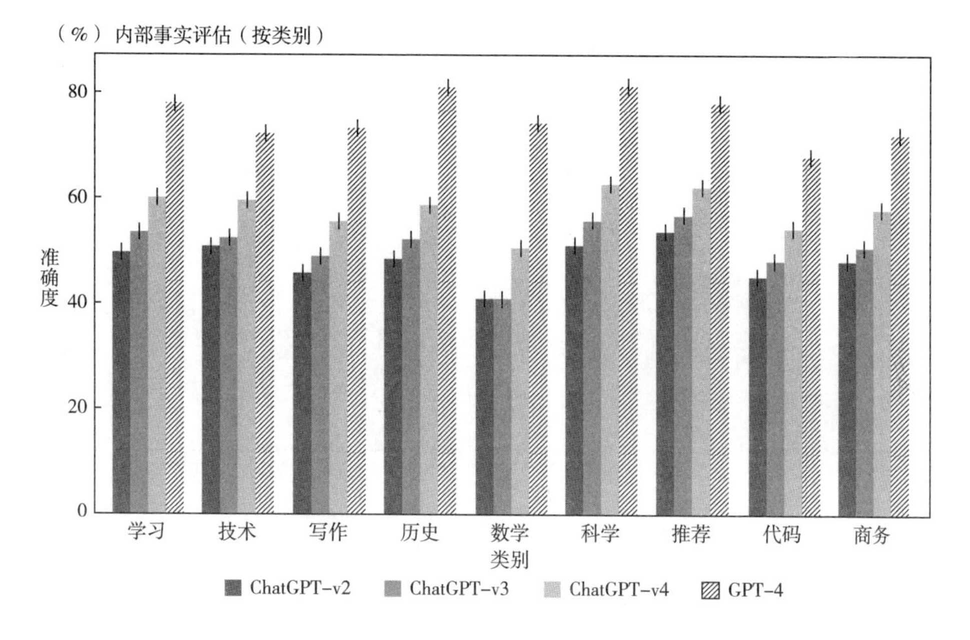

图 3-9　GPT-4 在九个内部对抗性设计的事实性评价中的表现

资料来源：OpenAI 技术报告。

GPT-4 在 TruthfulQA 的公共基准上取得了进展，该基准测试了模型区分事实和从对抗性选择的不正确陈述集的能力。这些问题与在统计学上具有吸引力的事实错误的答案成对出现。GPT-4 基础模型在这项任务上只比 GPT-3.5 略胜一筹；然而，经过 RLHF 的后训练，观察到 GPT-4 比 GPT-3.5 有很大的改进。

图 3-10 比较了 GPT-4 在零提示、少数提示和 RLHF 微调后的表现。GPT-4 明显优于 GPT-3.5 和 Anthropic-LM。

GPT-4 通常缺乏对它的绝大部分预训练数据（截至 2021 年 9 月）后所发生事件的了解，它有时会犯一些简单的推理错误，① 这似乎与它在这么多领域的能力不相符，或者过于轻信用户的明显虚假陈述。它可以像人

① 张心怡 . ChatGPT-4 引发新一轮热议［N］. 中国电子报，2023-03-17（001）.

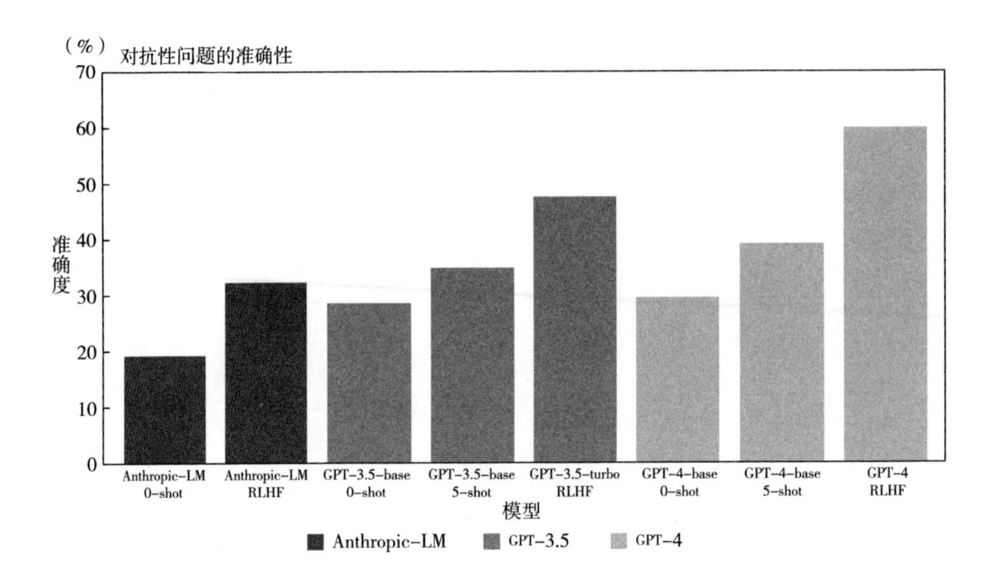

图 3-10　GPT-4 在 TruthfulQA 上的表现

资料来源：OpenAI 技术报告。

类一样在困难的问题上失败，如在它产生的代码中引入安全漏洞。①

GPT-4 也可能在预训练中犯错。虽然预训练的模型是高度校准的（它对一个答案的预测信心一般与正确的概率相匹配）。然而，在后训练过程中，校准度降低了（见图 3-11）。

图 3-11 左侧是预训练的 GPT-4 模型在 MMLU 数据集的一个子集上的校准图。X 轴是根据模型对每个问题的四个选项的置信度（logprob）划分的栈；Y 轴是每个栈内的准确度。对角线上的虚线代表完美校准。图 3-11 右侧是训练后的 GPT-4 模型在同一 MMLU 子集上的校准图。后期训练对校准有很大的影响。

GPT-4 在其输出中存在各种偏差，目前已经努力在纠正这些偏差，但这需要一些时间来全面描述和管理。OpenAI 的目标是使 GPT-4 和建立的

① 吕倩. 给 GPT 焦虑降降温 AI 武林需要“中国派”[N]. 第一财经日报，2023-03-16（A01）.

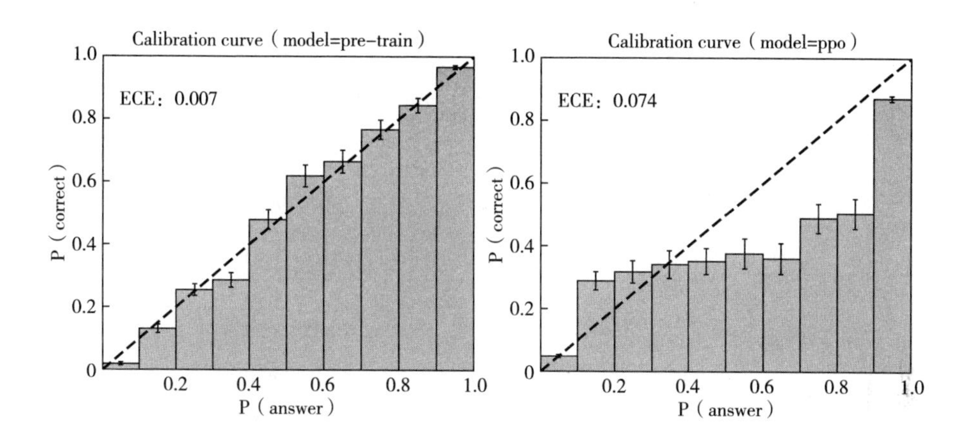

图 3-11 校准图对比

其他系统具有合理的默认行为，以反映广泛的用户价值，允许这些系统在一些广泛的范围内被定制，并获得公众对这些范围的意见。目前没有检查 RLHF 培训后的数据是否受到 TruthfulQA 的污染。

3.3.5 风险及缓解

OpenAI 为改善 GPT-4 的安全性和一致性投入了巨大的努力。目前使用领域专家进行对抗性测试和渗透团队，以及辅助模型安全管道和对先前模型的安全指标的改进。

通过领域专家进行对抗性测试：GPT-4 具有与小型语言模型类似的风险，如产生有害的建议、有缺陷的代码或不准确的信息。然而，GPT-4 的额外能力导致了新的风险。为了解这些风险的程度，OpenAI 公司聘请了来自人工智能对齐风险、网络安全、生物风险和国际安全等领域的 50 多位专家对该模型进行了对抗性测试。他们的研究结果能够测试模型在高风险领域的行为，这些领域需要细分的专业知识来评估，以及评估将成为与非常先进的人工智能相关的风险，如寻求权力。专家的建议和训练数据对模型的缓解和改进提供了依据，如已经收集了额外的数据，以提高 GPT-4 拒绝有关如何合成危险化学品请求的能力。

辅助模型的安全管道：与先前的 GPT 模型一样，使用带有人类反馈的强化学习（RLHF）来微调模型的行为，以产生更符合用户意图的响应。然而，在 RLHF 之后，模型在不安全的输入上仍然很脆弱，而且有时在安全和不安全的输入上都表现出不期望的行为。如果在 RLHF 管道的奖励模型的数据收集部分中，对标注者的指示不足，就会出现这些不希望的行为。当给予不安全的输入时，模型可能会产生不受欢迎的内容，如提供犯罪的建议。此外，模型也可能对安全的输入变得过于谨慎，拒绝无害的请求或过度的对冲。为了在更精细的层面上引导模型走向适当的行为，在很大程度上依靠模型本身作为工具。安全方法包括两个主要部分：一套额外的安全相关的 RLHF 训练提示数据，以及基于规则的奖励模型（RBRMs）。

RBRMs 是一组零干预的 GPT-4 分类器。这些分类器在 RLHF 微调期间为 GPT-4 策略模型提供额外的奖励信号，该信号针对正确的行为，如拒绝产生有害内容或不拒绝无害请求。RBRM 有三个输入：首先，提示（可选）、策略模型的输出，以及人类编写的关于如何评估该输出的评分标准（如一套多个可选风格的规则）。其次，RBRM 根据评分标准对输出进行分类。例如，可以提供一个评分标准，指示模型将一个反应分类为：①所需风格的拒绝；②不需要的风格的拒绝（如回避或漫无边际）；③包含不允许的内容；④安全的非拒绝反应。最后，在要求有害内容（如非法建议）的安全相关训练提示集上，可以奖励拒绝这些要求的 GPT-4。反之，可以奖励 GPT-4 在保证安全和可回答的提示子集上不拒绝请求。这与其他改进措施相结合，如计算最佳的 RBRM 权重和提供额外的针对想要改进领域的 SFT 数据，能够引导该模型更接近于预期行为。

对安全指标的改进：缓解措施极大改善了 GPT-4 的许多安全性能。与 GPT-3.5 相比，将模型对不允许内容的请求的响应倾向降低了 82%，而 GPT-4 对敏感请求（如医疗建议和自我伤害）的响应符合政策的频率提高了29%。在Real Toxicity Prompts数据集上，GPT-4只产生了0.73%的不正确输出，而GPT-3.5产生了6.48%的错误内容（见图3-12）。与之前的模型相比，GPT-4 RLHF的错误行为率要低很多。

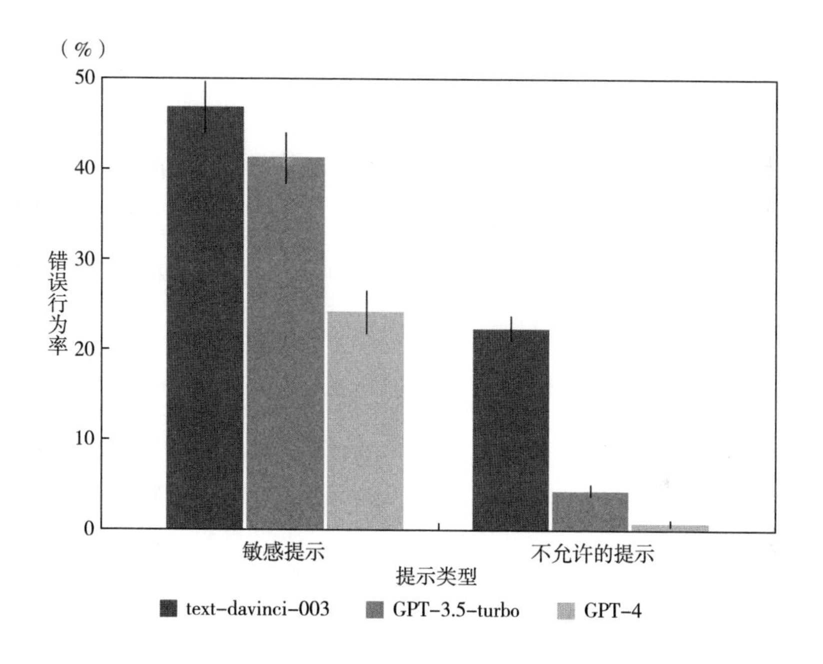

图3-12　在敏感和不允许的提示上的不正确行为率

资料来源：OpenAI技术报告。

总的来说，模型级干预措施增加了诱发不良行为的难度。例如，仍然存在"越狱"（对抗性的系统信息），以产生违反我们使用指南的内容。只要这些限制存在，就必须用部署时的安全技术来补充，如监控滥用以及模型改进的快速迭代管道。

GPT-4和后续模型有可能以有益和有害的方式极大地影响社会。正在与外部研究人员合作，以改善对潜在影响的理解，以及建立对未来系统中可能出现的危险能力的评估。①

3.3.6 总结

GPT-4 作为一个大型多模态模型，在某些困难的专业和学术基准上表现出人类的水平。GPT-4 在一系列 NLP 任务上的表现优于现有的大型语言模型，并且超过了绝大多数已报告的最先进的系统（这些系统通常包括特定任务的微调）。改进后的能力，虽然通常是在英语中测量的，但可以在许多不同的语言中得到证明。

由于能力的提高，GPT-4 带来了新的风险，OpenAI 公司为了解和提高其安全性和一致性，采取了一些方法，取得了一定结果。尽管仍有许多工作要做，但 GPT-4 代表着向广泛有用和安全部署的人工智能系统迈出了重要一步。

① 张心怡．ChatGPT-4 引发新一轮热议［N］．中国电子报，2023-03-17（001）．

4 国内外人工智能大模型的发展动向

4.1 政策动向：人工智能大模型成为多国关注的重点

4.1.1 国际政策动向

随着科技进步和产业发展的加速演进，人工智能已成为各国必争的科技创新高地。[①] 许多国家正在布局加强人工智能大模型的研发和应用。人工智能领域的竞赛逐渐由研究机构、高校、企业之间的竞争转变为国家竞争力之间的角力。[②] 从 2016 年以来，全球已有 30 多个国家和地区发布了优先发展人工智能的国家战略，投身人工智能开发。其中包含美国、欧盟、法国、德国、英国、新加坡等发达国家和地区，也包含印度、墨西哥、印度尼西亚、巴西、马来西亚、乌克兰等发展中国家。各国均试图提前布局人工智能战略以支持本国人工智能产业发展和占据未来有利竞争位势。[③]

4.1.1.1 美国

2016 年 10 月，美国政府发布了《为人工智能的未来做好准备》《国家人工智能研究和发展战略计划》两份重要报告。前者探讨了人工智能的发展现状、应用领域以及潜在的公共政策问题；后者提出了美国优先发展人工智能的七大战略及两个方面的建议。[④] 2018 年 5 月，白宫举办了人工智

---

①②③ 程晓光．全球人工智能发展现状、挑战及对中国的建议［J］．全球科技经济瞭望，2022，37（1）：64-70.

④ 张彦坤，刘锋．全球人工智能发展动态浅析［J］．现代电信科技，2017，47（1）：60-66.

能峰会，邀请了众多业界、学术界和政府代表参与，并组建人工智能特别委员会，以加大联邦政府在人工智能领域的投入，努力消除创新与监管障碍，提高人工智能创新的自由度与灵活性。[①] 2019 年，美国政府公布了《国家人工智能研究和发展战略计划：2019 更新版》，将此前的战略扩展至 8 个，增加了扩大公私合作伙伴关系，加速了人工智能发展这一新战略。

4.1.1.2　欧盟

2018 年 4 月，欧盟委员会发布了《欧盟人工智能》，该报告提出欧盟将采取“三管齐下”的方式推动欧洲人工智能的发展：增加财政支持并鼓励公共和私营企业应用人工智能技术；促进教育和培训体系升级，以适应人工智能为就业带来的变化；研究和制定人工智能道德准则，确立适当的道德与法律框架。2018 年 12 月，欧盟委员会及其成员国发布了主题为“人工智能欧洲造”的《人工智能协调计划》。[②] 这项计划除了明确人工智能的核心倡议，还包括具体的项目，涉及高效电子系统和电子元器件的开发，以及人工智能应用的专用芯片、量子技术和人脑映射领域。[③]

4.1.1.3　德国

德国是最先推出“工业 4.0”战略的国家，这是一个革命性的、基础性的科技战略，拟从最基础的制造层面上进行变革，从而实现工业发展质的飞跃。“工业 4.0”囊括了智能制造、人工智能、机器人等领域的诸多相关研究与应用。2018 年 7 月，德国联邦政府发布了《联邦政府人工智能战略要点》，要求联邦政府加大对人工智能相关重点领域的研发和创新转化的资助，加强同法国人工智能的合作建设，实现互联互通；加强人工智能基础设施建设，将对人工智能的研发和应用提升到全球领先水平。

---

① 刘瑞生．在“不安”与“躁动”中的“重塑”与“激战”——全球新媒体发展态势解析［J］．出版参考，2019（3）：43-45+56.

② 徐海洋，刘书雷，吴集．智能科技的发展现状和趋势评估［C］//国防科技大学系统工程学院．复杂系统体系工程论文集二．国防科技大学前沿交叉学科学院国防科技战略研究智库，2020：15.

③ 顾钢．欧盟将出台系列政策推动人工智能发展［N］．科技日报，2018-05-02.

4.1.1.4　法国

2018 年 3 月，法国发布了《法国人工智能发展战略》，将着重结合医疗、汽车、能源、金融、航天等优势行业来研发人工智能技术，并宣布到 2020 年投资 15 亿欧元用于人工智能研究，为法国人工智能技术研发创造更好的综合环境①。法国的人工智能发展战略注重抢占核心技术、标准化等制高点，重点发展大数据、超级计算机等技术。在人工智能的应用上，关注健康、交通、生态经济、性别平等、电子政府以及医疗护理等领域。

4.1.1.5　英国

英国是欧洲推动人工智能发展最积极的国家之一，也一直是人工智能的研究学术重镇。2018 年 4 月，英国政府发布了《人工智能行业新政》，涉及推动政府和公司研发、加大 STEM 教育投资、提升数字基础设施、增加人工智能人才和领导全球数字道德交流等方面的内容，旨在推动英国成为全球人工智能领导者。

英国作为老牌的工业大国，在人工智能的问题上布局颇为深远。英国将大量资金投入人工智能、智能能源技术、机器人技术以及 5G 网络等领域，更加注重实践与实用，已在海洋工程、航天航空、农业、医疗等领域开展了人工智能技术的广泛应用。同时，英国发展人工智能的另一个特点是注重人工智能人才的培养。

4.1.1.6　新加坡

2017 年 5 月，新加坡启动国家级项目《新加坡人工智能》（AI Singapore，AISG），其发展目标定位为“智慧国”（Smart Nation），旨在用人工智能创造社会与经济效益、吸引人才、打造人工智能生态，并让新加坡在世界上具有战略性地位。该项目对人工智能的基础研究、治理、科技挑战、应用创新、产品转化以及人才培养做出部署，重点聚焦社会生产问题、加速商业化与人工智能科学创新。该项目的设计框架突出了人才的核

① 本刊综合．特朗普签署行政令，优先发展人工智能［J］．保密工作，2019（3）：63-64.

心地位，为其构建从基础研究到商业化全产业链的人工智能生态圈，新加坡国家研究基金会（NRF）更是计划投资 1.5 亿新加坡元吸引人工智能人才。2019 年 11 月，新加坡出台了为期 11 年的《国家人工智能战略》，计划在 2030 年成为人工智能广泛应用的智慧国家，实现经济与产业转型，并成为全球人工智能部署与解决方案创新的“领跑者”。2023 年 12 月，新加坡发布了《国家人工智能战略 2.0》，对 2019 年发布的《国家人工智能战略》进行替代。新战略概述了计划如何拥抱创新并应对相关挑战与人工智能。新加坡《国家人工智能战略 2.0》愿景是为新加坡和全球实现公共利益，两大目标是把人工智能运用于民众健康和气候变化等重要领域，应对和克服时代的需求与挑战，以及让新加坡民众与企业具备能力和资源，在人工智能发达的未来，能发挥所长并蓬勃发展①。

新加坡的人工智能战略部署与其国家特性相适应。新加坡在地理意义上虽为“小国”，但具有完善的制度与高效的政府执行力。人工智能技术人才集约化，有助于新加坡打造人工智能人才竞争的“非对称优势”。

4.1.1.7 日本

日本政府和企业界非常重视人工智能的发展，不仅将人工智能作为第四次工业革命的核心，还在国家层面建立了相对完整的研发促进机制，并将 2017 年确定为人工智能元年。② 虽然相对中美而言，日本在人工智能行业的资金投入并不算高，但其在战略方面的反应并不迟钝。2017 年 3 月，日本人工智能技术战略委员会发布了《人工智能技术战略》，阐述了日本政府为人工智能产业化发展所制定的路线图和规划。

4.1.1.8 印度

2018 年上半年，印度政府智库发布了《国家人工智能战略》，旨在实现“AI for All”的目标。该战略将人工智能应用重点部署在健康护理、农

---

① 林伟杰．国家人工智能战略 2.0［EB/OL］．［2023-12-22］. https：//www.cnii.com.cn/rmydb/202312/t20231222_532100.html.

② 王德生．全球人工智能发展动态［J］．竞争情报，2017，13（4）：49-56.

业、教育、智慧城市和基础建设与智能交通五大领域上,[①] 以“AI 卓越研究中心”“国际 AI 转型中心”两级综合战略为基础，加强科学研究，鼓励技能培训，加快人工智能在整个产业链中的应用，最终实现将印度打造为人工智能发展模本的宏伟蓝图[②]。

4.1.2 国内政策动向

4.1.2.1 国家人工智能政策汇总分析

人工智能作为新一代信息技术产业中的核心产业，是引领新一轮科技革命和产业创新的关键驱动力。中国高度重视人工智能发展。根据国民经济“十三五”规划到“十四五”规划，国家对人工智能行业的发展规划经历了从重视发展技术到促进产业深度融合的变化。据不完全统计，本书梳理了 2015~2023 年人工智能相关政策法规（见表 4-1）。通过梳理，我国人工智能政策发展存在以下特点：

表 4-1 国家人工智能相关政策法规（2015~2023 年）

时间		发布单位	政策
2015 年	7 月	国务院	《国务院关于积极推进“互联网+”行动的指导意见》
2016 年	8 月	国务院	《“十三五”国家科技创新规划》
2017 年	3 月	国务院	《2017 年政府工作报告》
	7 月	国务院	《国务院关于印发新一代人工智能发展规划的通知》
	12 月	工业和信息化部	《促进新一代人工智能产业发展三年行动计划（2018—2020 年）》
2018 年	11 月	工业和信息化部	《新一代人工智能产业创新重点任务揭榜工作方案》

① 刘瑞生．在“不安”与“躁动”中的“重塑”与“激战”——全球新媒体发展态势解析［J］．出版参考，2019（3）：43-45+56.

② 季自力，王文华．世界军事强国的人工智能军事应用发展战略规划［J］．军事文摘，2020（17）：7-10.

续表

时间		发布单位	政策
2019年	3月	国务院	《关于促进人工智能和实体经济深度融合的指导意见》
	6月	科技部	《新一代人工智能治理原则——发展负责任的人工智能》
	8月	科技部	《国家新一代人工智能创新发展实验区建设工作指引》
	10月	工业和信息化部	《关于加快培育共享制造新模式新业态　促进制造业高质量发展的指导意见》
	11月	国家发展改革委、工业和信息化部、中央网信办等15部门	《关于推动先进制造业和现代服务业深度融合发展的实施意见》
2020年	1月	教育部、国家发展改革委、财政部	《关于“双一流”建设高校促进学科融合加快人工智能领域研究生培养的若干意见》
	8月	国家标准委、中央网信办、国家发展改革委、科技部、工业和信息化部	《国家新一代人工智能标准体系建设指南》
2021年	3月	中共中央	《国民经济和社会发展第十四个五年规划和2035年远景目标纲要》
	5月	国家发展改革委、中央网信办、工业和信息化部、中央能源局	《全国一体化大数据中心协同创新体系算力枢纽实施方案》
	9月	科技部	《新一代人工智能伦理规范》
2022年	7月	科技部、教育部、工业和信息化部、交通运输部、农业农村部、国家卫健委	《关于加快场景创新以人工智能高水平应用促进经济高质量发展的指导意见》
	8月	科技部	《科技部关于支持建设新一代人工智能示范应用场景的通知》
	10月	国家发展改革委、商务部	《鼓励外商投资产业目录（2022年版）》
	12月	最高人民法院	《最高人民法院关于规范和加强人工智能司法应用的意见》
	12月	国务院	《扩大内需战略规划纲要（2022—2035年）》
2023年	2月	中共中央、国务院	《数字中国建设整体布局规划》
		中共中央、国务院	《质量强国建设纲要》
		国务院国资委	《关于做好2023年中央企业投资管理　进一步扩大有效投资有关事项的通知》

续表

时间		发布单位	政策
2023年	4月	工业和信息化部、中央网信办、国家发展改革委、教育部等	《关于推进IPv6技术演进和应用创新发展的实施意见》
	7月	国家网信办、国家发展改革委、教育部、科技部、工业和信息化部、公安部、广电总局	《生成式人工智能服务管理暂行办法》
	8月	工业和信息化部、科技部、国家能源局、国家标准委	《新产业标准化领航工程实施方案（2023—2035年）》
		工业和信息化部	《电子信息制造业2023—2024年稳增长行动方案》
		信息技术标准化技术委员会	《网络安全标准实践指南——生成式人工智能服务内容标识方法》
	10月	外交部	《全球人工智能治理倡议》
	12月	国家发展改革委等五部门	《深入实施"东数西算"工程　加快构建全国一体化算力网的实施意见》
		国家数据局等17部门	《"数据要素×"三年行动计划（2024—2026年）》

国家层面人工智能关注度迅速上升。自2015年以来，中共中央、国务院、中华人民共和国科学技术部（以下简称"科技部"）、中华人民共和国工业和信息化部（以下简称"工业和信息化部"）等多部门陆续印发了指导、支持、规范人工智能行业发展的政策，内容涉及人工智能发展技术路线、人工智能伦理规范、人工智能标准体系建设等。从各年度国家人工智能政策法规发布数量分布看（见图4-1），国家人工智能政策法规经历了3轮高峰期。2017年，人工智能首次被写入全国《政府工作报告》，《国务院关于印发新一代人工智能发展规划的通知》确定了新一代人工智能发展"三步走"的战略目标；到2019年，人工智能和实体经济逐渐融合，

引发了一轮国家人工智能政策法规发布的小高峰；从 2022 年起，尤其是 2023 年，随着 ChatGPT 等人工智能大模型的横空出世，国家人工智能政策法规密集出台，一方面积极促进人工智能产业及带动领域积极发展，另一方面进一步加强了政策监管。

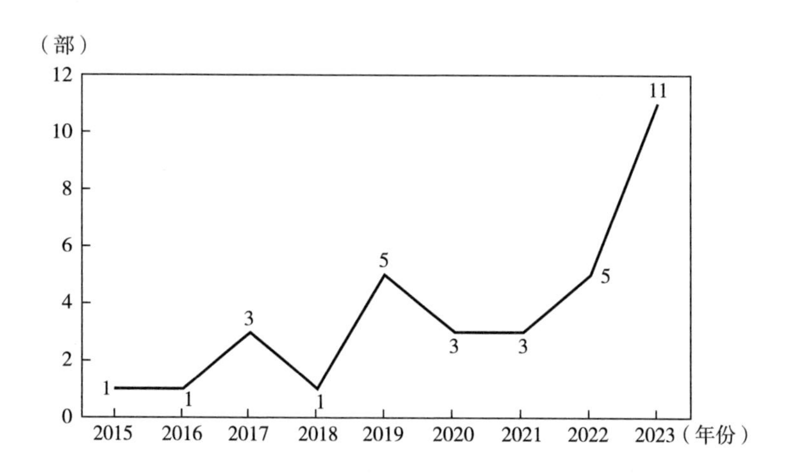

图 4-1　2015~2023 年国家人工智能政策法规发布数量

顶层设计与细化落实并重。从近年发布的人工智能政策法规主题来看，国家层面强化规划引领和顶层设计，部委层面聚焦战略落实和细化（见表 4-1）。顶层设计方面，2016 年 8 月，国务院发布了《“十三五”国家科技创新规划》，明确将人工智能作为发展新一代信息技术的发展方向。2017 年 7 月，国务院发布了第一份有关人工智能行业的系统部署文件《国务院关于印发新一代人工智能发展规划的通知》，包含了研发、工业化、人才发展、教育和职业培训、标准制定和法规、道德规范与安全等方面，[①] 重点对 2030 年我国新人工智能发展的总体思路、战略目标和主要任务、保障措施进行系统的规划和部署。该文件确立了新一代人工智能发展

① 姚信威．新一代 AI 的未来之路［J］. 科学 24 小时，2019（3）：15-17.

“三步走”战略目标，人工智能上升为国家战略层面。细化落实方面，工信部、科技部等为贯彻落实我国人工智能发展的总体部署，也相继出台了相关行动计划和指导意见，进一步加强新一代人工智能研发应用。2017年12月，工业和信息化部针对人工智能产业发布了《促进新一代人工智能产业发展三年行动计划（2018—2020年）》，以新一代人工智能技术的产业化和集成应用为重点，推动人工智能和实体经济深度融合；2018年4月，中华人民共和国教育部发布了《高等学校人工智能创新行动计划》从“优化高校人工智能科技创新体系”“完善人工智能领域人才培养体系”“推动高校人工智能领域科技成果转化与示范应用”三个方面着力推动高校人工智能创新；2022年7月，科技部等六部门联合印发了《关于加快场景创新以人工智能高水平应用促进经济高质量发展的指导意见》，统筹人工智能场景创新；同年，科技部又公布了《关于支持建设新一代人工智能示范应用场景的通知》，支持建设包括智慧农场、智能港口在内的10个人工智能示范应用场景。这一系列政策以促进人工智能与实体经济深度融合为主线，着力推动场景资源开放，提升场景创新能力，探索人工智能发展新模式、新路径，以人工智能高水平应用促进经济高质量发展。

人工智能监管向标准化与安全合规迈进。随着人工智能的快速发展，相关领域的管理规定也先后出台。2020年7月，国家标准化管理委员会、中共中央网络安全和信息化委员会办公室（以下简称“中央网信办”）、中华人民共和国国家发展和改革委员会、科技部、工业和信息化部颁布《国家新一代人工智能标准体系建设指南》，重点研制数据、算法、系统、服务等重点急需标准，并率先在制造、交通、金融等重点行业和领域进行推进。2022年12月，最高人民法院在《关于规范和加强人工智能司法应用的意见》中表示，推动人工智能同司法工作深度融合，全面深化智慧法院建设，努力创造更高水平的数字正义。2023年7月，中华人民共和国国家互联网信息办公室、国家发展改革委等七部门联合发布《生成式人工智能服务管理暂行办法》，作为我国首部将生成式人工智能纳入治理对象的管理政策文件，它强化风险治理，突出分级分类监管、以“模型”为核心，强调个人信息保护、知识产权保护、明确生成式人工智能服务提供者的内容安全主体责任，对生成式人工智能在我国的开发应用进行了规范说明。

4.1.2.2 各地区人工智能政策汇总分析

随着国家级人工智能政策的出台，各地政府纷纷响应号召将人工智能及其相关产业发展，将其纳入当地发展规划（见表4-2），以助力新一代人工智能产业生态的形成，实现2030年人工智能理论、技术与应用总体达到世界领先水平的发展目标。

表 4-2 各地区人工智能相关政策

地区	发布时间		政策名称
上海	2019 年	9 月	《关于建设人工智能上海高地 构建一流创新生态的行动方案（2019—2021 年）》
	2021 年	12 月	《上海市人工智能产业发展“十四五”规划》
	2023 年	7 月	《上海市推动人工智能大模型创新发展的若干措施》
	2022 年	9 月	《上海市促进人工智能产业发展条例》
北京	2023 年	5 月	《北京市促进通用人工智能创新发展的若干措施》
	2023 年	5 月	《北京市加快建设具有全球影响力的人工智能创新策源地实施方案（2023—2025 年）》
	2023 年	6 月	《北京市机器人产业创新发展行动方案（2023—2025 年）》
深圳	2019 年	5 月	《深圳市新一代人工智能发展行动计划（2019—2023 年）》
	2022 年	9 月	《深圳经济特区人工智能产业促进条例》
	2023 年	5 月	《深圳市加快推动人工智能高质量发展高水平应用行动方案（2023—2024 年）》
天津	2018 年	5 月	《天津市关于加快推进智能科技产业发展的若干政策》
	2020 年	8 月	《天津市建设国家新一代人工智能创新发展试验区行动计划》
	2021 年	12 月	《天津市新一代信息技术产业发展“十四五”专项规划》
重庆	2020 年	6 月	《重庆市建设国家新一代人工智能创新发展试验区实施方案》
	2021 年	12 月	《重庆市数字经济“十四五”发展规划（2021—2025 年）》

续表

地区	发布时间		政策名称
浙江	2023 年	2 月	《浙江省元宇宙产业发展行动计划（2023—2025 年）》
	2023 年	12 月	《浙江省人民政府办公厅关于加快人工智能产业发展的指导意见》
	2021 年	12 月	《杭州市人工智能产业发展“十四五”规划》
	2022 年	1 月	《建设杭州国家人工智能创新应用先导区行动计划（2022—2024 年）》
	2023 年	7 月	《杭州市人民政府办公厅关于印发加快推进人工智能产业创新发展的实施意见的通知》
江西	2017 年	9 月	《关于加快推进人工智能和智能制造发展的若干措施》
	2022 年	5 月	《江西省“十四五”数字经济发展规划》
	2023 年	1 月	《江西省推进大数据产业发展三年行动计划（2023—2025 年）》
广东	2018 年	7 月	《广东省新一代人工智能发展规划》
	2018 年	10 月	《广东省新一代人工智能创新发展行动计划（2018—2020 年）》
	2022 年	12 月	《广东省新一代人工智能创新发展行动计划（2022—2025 年）》
	2023 年	11 月	《广东省人民政府关于加快建设通用人工智能产业创新引领地的实施意见》
广西	2021 年	10 月	《广西科技创新“十四五”规划》
	2022 年	12 月	《中国—东盟信息港建设实施方案（2022—2025 年）》
山东	2019 年	5 月	《山东省人民政府关于大力推进“现代优势产业集群+人工智能”的指导意见》
	2020 年	11 月	《山东省新基建三年行动方案（2020—2022 年）》
	2021 年	9 月	《山东省“十四五”科技创新规划》
	2023 年	1 月	《山东省新一代信息技术创新能力提升行动计划（2023—2025 年）》
四川	2018 年	9 月	《四川省新一代人工智能发展实施方案》
	2022 年	8 月	《四川省“十四五”新一代人工智能发展规划》
江苏	2021 年	8 月	《江苏省“十四五”数字经济发展规划》
	2023 年	2 月	《关于推动战略性新兴产业融合集群发展的实施方案》
	2023 年	11 月	《省政府关于加快培育发展未来产业的指导意见》
	2023 年	6 月	《苏州市人工智能产业创新集群行动计划（2023—2025 年）》
湖北	2020 年	9 月	《湖北省新一代人工智能发展总体规划（2020—2030 年）》
	2021 年	12 月	《湖北省人工智能产业“十四五”发展规划》
	2023 年	8 月	《武汉建设国家人工智能创新应用先导区实施方案（2023—2025 年）》
	2023 年	11 月	《湖北省推进人工智能产业发展三年行动方案（2023—2025 年）》

续表

地区	发布时间		政策名称
湖南	2019年	2月	《湖南省人工智能产业发展三年行动计划（2019—2021年）》
	2021年	8月	《湖南省“十四五”战略性新兴产业发展规划》
	2022年	6月	《湖南省强化“三力”支撑规划（2022—2025年）》
	2023年	3月	《湖南省“智赋万企”行动方案（2023—2025年）》
安徽	2018年	5月	《安徽省新一代人工智能产业发展规划（2018—2030年）》
	2019年	9月	《安徽省新一代人工智能产业基地建设实施方案》
	2022年	1月	《安徽省“十四五”科技创新规划》
	2023年	10月	《安徽省通用人工智能创新发展三年行动计划（2023—2025年）》
	2023年	11月	《打造通用人工智能产业创新和应用高地若干政策》
河北	2021年	11月	《河北省科技创新“十四五”规划》
	2021年	12月	《河北省新一代信息技术产业发展“十四五”规划》
	2023年	1月	《加快建设数字河北行动方案（2023—2027年）》
河南	2019年	1月	《河南省新一代人工智能产业发展行动方案》
	2022年	2月	《河南省“十四五”数字经济和信息化发展规划》
	2023年	3月	《2023年河南省数字化转型战略工作方案》
陕西	2019年	10月	《新一代人工智能领域科技创新工作推进计划》
	2022年	4月	《陕西省加快推进数字经济产业发展实施方案（2021—2025年）》
	2022年	11月	《陕西省“十四五”数字经济发展规划》
山西	2021年	4月	《山西省“十四五”新基建规划》
	2021年	8月	《山西省加快推进数字经济发展的实施意见》
	2022年	9月	《山西省“十四五”软件和信息技术服务业发展规划》
贵州	2018年	6月	《省人民政府关于促进大数据云计算人工智能创新发展加快建设数字贵州的意见》
	2023年	2月	《贵州省数字经济发展创新区标准化体系建设规划（2023—2025年）》
云南	2019年	11月	《云南省新一代人工智能发展规划》
	2022年	4月	《云南省数字经济发展三年行动方案（2022—2024年）》
内蒙古	2021年	10月	《内蒙古自治区“十四五”数字经济发展规划》
	2023年	10月	《内蒙古自治区推动数字经济高质量发展工作方案（2023—2025年）》
黑龙江	2022年	8月	《黑龙江省科技振兴行动计划（2022—2026年）》
	2023年	12月	《黑龙江省加快推动制造业和中小企业数字化网络化智能化发展若干政策措施》

续表

地区	发布时间		政策名称
吉林	2018 年	1 月	《吉林省人民政府关于落实新一代人工智能发展规划的实施意见》
	2021 年	12 月	《吉林省战略性新兴产业发展“十四五”规划》
	2023 年	12 月	《加快推进吉林省数字经济高质量发展实施方案（2023—2025 年）》
辽宁	2017 年	12 月	《辽宁省新一代人工智能发展规划》
	2022 年	2 月	《辽宁省“十四五”科技创新规划》
福建	2021 年	11 月	《福建省“十四五”数字福建专项规划》
	2022 年	3 月	《2022 年数字福建工作要点》
	2023 年	9 月	《福建省促进人工智能产业发展十条措施的通知》
宁夏	2021 年	9 月	《宁夏回族自治区数字经济发展“十四五”规划》
	2023 年	8 月	《促进人工智能创新发展政策措施》
甘肃	2018 年	8 月	《甘肃省新一代人工智能发展实施方案》
	2021 年	9 月	《甘肃省“十四五”数字经济创新发展规划》
	2021 年	9 月	《甘肃省“十四五”科技创新规划》
新疆	2022 年	11 月	《新疆维吾尔自治区数字政府改革建设方案》
	2023 年	4 月	《新疆维吾尔自治区虚拟现实和工业应用融合发展实施方案（2023—2026 年）》
海南	2022 年	2 月	《海南省创新型省份建设实施方案》

各地人工智能相关政策各有侧重。根据不完全统计，由各省市人工智能相关政策发布数量（见图 4-2）可知，2017~2023 年，各省份出台的人工智能相关政策近 90 项。各地方政府在响应中央政策发展方向的同时，都依托各地自身优势，选取发展侧重，试图走出地方特色。例如，2023 年 5 月，《北京市促进通用人工智能创新发展的若干措施》《深圳市加快推动人工智能高质量发展高水平应用行动方案（2023—2024 年）》发布。2023 年 6 月，《成都市关于进一步促进人工智能产业高质量发展的若干政策措施（征求意见稿）》发布。2023 年 7 月，《上海市推动人工智能大模型创新发展的若干措施（2023—2025 年）》公布，并发布了“模”都倡议，

成立上海人工智能开源生态产业集群，打造“AI 模都”。总体来看，北京侧重于人工智能核心软硬件的提升，深圳重视人工智能赋能千行百业，成都则以直接资金补助的方式激励人工智能发展，上海注重打造人工智能开源生态产业集群。

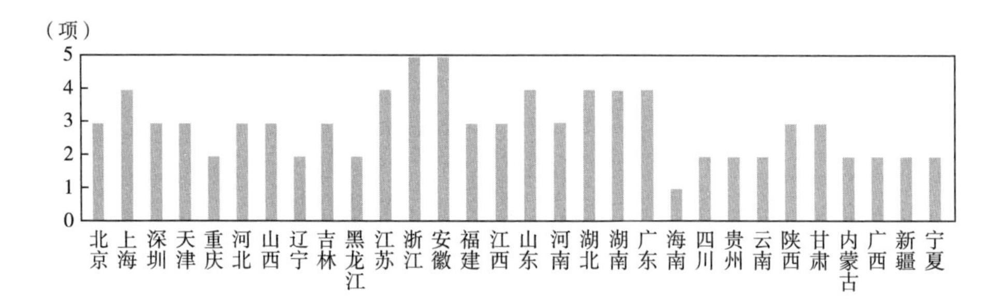

图 4-2　各地区人工智能相关政策发布数量

国家人工智能创新应用先导区积极落实探索。建设国家人工智能创新应用先导区是促进人工智能和实体经济深度融合的重要举措。立足“谋改革、促应用、导经验”的定位，进一步强化应用导向，主动挖掘开拓应用场景，加速带动新技术、新产品应用落地，培育形成新的经济增长点。在政策机制层面勇于突破、先行先试，探索更多新模式。截至 2022 年 10 月，全国人工智能创新应用先导区数量已增至 11 个，分别是上海（浦东新区）、深圳、济南—青岛、北京、天津（滨海新区）、杭州、广州、成都、武汉、南京、长沙国家人工智能创新应用先导区。以济南—青岛国家人工智能创新应用先导区为例，济南开展的人工智能泉城赋能行动重点围绕制造、医疗、教育等重点行业和优势特色产业领域，形成覆盖 17 个行业和 600 多家企事业单位的人工智能应用场景和解决方案资源池，目前已发布 486 个应用场景需求和 605 个解决方案。2023 年 2 月，青岛市人工智能产业园在全市 15 个新兴产业专业园区中率先挂牌。为强化产业聚集生态，当地为企业从房租补贴到算力服务再到园区建设、场景“揭榜”等提供了从

200 万元到千万元级别的政策支持，累计征集发布的 4050 个工业赋能、未来城市应用场景中，已完成配对的达到 931 个。

多地人工智能政策规划产值发展规模。通过各地人工智能政策汇总分析可知，《新一代人工智能产业发展规划》和“十四五”规划出台后，各地政府积极响应中央提出的人工智能产业发展目标，并发布当地的人工智能产业规模发展目标（见表 4-3）。其中，上海预计 2025 年人工智能产业规模突破 4500 亿元；北京和广东产业规模预计突破 3000 亿元；湖北预计达到 1500 亿元的人工智能产业规模；其他省份也在人工智能芯片、机器人、算力、AR/VR 等方面做出规划。

表 4-3 2025 年中国部分地区预计人工智能产业规模 单位：亿元

地区	2025 年预计产业规模
上海	4500+
北京	3000+
广东	3000+
湖北	1500+
四川	1000+
安徽	500+
无锡	400+
苏州	300+

4.2 产业动向：人工智能大模型成为技术发展融合交汇点

4.2.1 国际人工智能产业发展现状

人工智能技术的飞速发展给人类社会的生产生活方式带来重大变革影

响。人工智能应用场景日渐丰富，人工智能技术在金融、医疗、制造、交通、教育、安防等多个领域实现技术落地。人工智能的广泛应用及商业化，加快推动了企业数字化转型、产业链结构重塑优化以及生产效率的提升。

人工智能产业链可以粗略划分为基础层、技术层、应用层，人工智能核心层为基础层和技术层，人工智能核心企业为处于基础层、技术层的企业。人工智能基础层包含数据、算力、算法三大领域，代表性企业①有英伟达、百度、地平线机器人等。人工智能技术层主要包含计算机视觉与模式识别、自然语言处理、类脑算法、语音技术、人机交互五类，代表性企业②有 OpenAI、旷视科技、智谱华章等。人工智能应用层包含所有人工智能技术与传统应用结合形成的千行百业的产业应用（见图 4-3）。

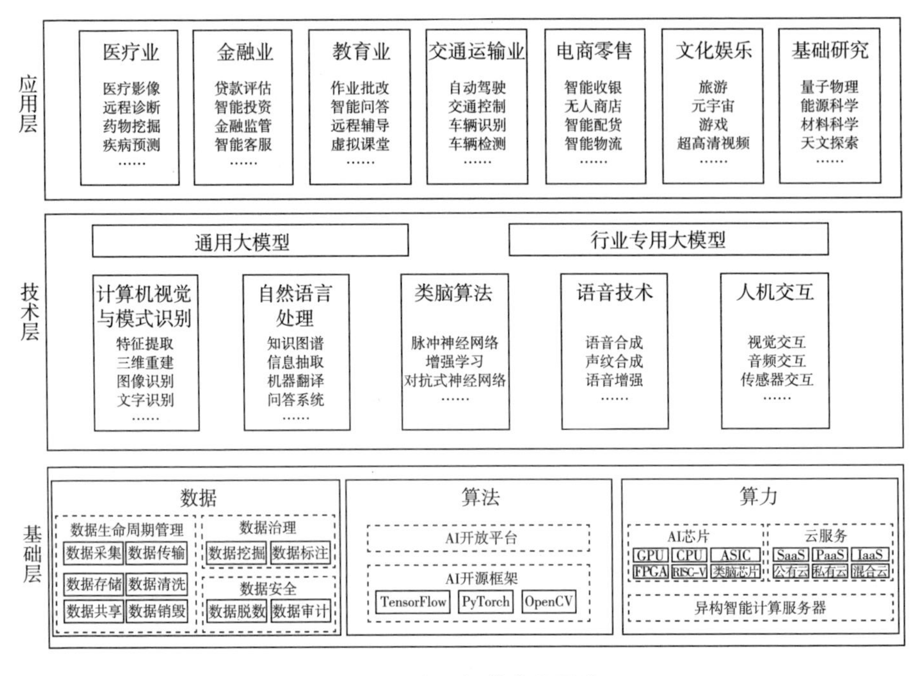

图 4-3 人工智能产业图谱

①② 结合 CB Ranking 排名和全球 AI 企业投融资情况列出三家国内外企业。

4.2.1.1　中美大模型总数超全球八成

2023年5月发布的《中国人工智能大模型地图研究报告》指出，美国和中国发布的通用大模型总数已占全球发布量的80%。美国方面，形成了OpenAI、微软、Meta、谷歌等多个阵营，OpenAI重点围绕GPT-4底座模型完善上层开发者生态，Meta通过开源LaMa等大模型，引领了全球大模型开源浪潮。中国方面，大模型再度诠释中国速度。截至2023年10月，我国10亿参数规模以上的大模型厂商及高校院所共计254家，分布于20余省市/地区。①

4.2.1.2　中美人工智能企业数量名列前茅

全球人工智能企业数量由爆发式增长转入稳步增长区间。依据《人工智能全域变革图景展望：跃迁点来临（2023）》数据显示，截至2023年6月底，全球人工智能企业共计3.6万家。人工智能企业数量逐年增长，2016~2019年全球人工智能企业爆发式增长，每年新增注册企业数量超3000家，尤其是2017年新增注册企业数量达到顶峰（3714家）。从2019年开始，人工智能新增注册企业数量有所下降，2022年新增注册企业数量与2013年基本持平。

美国人工智能企业数量居全球首位，中国紧随其后，英国位居全球第三。依据Crunchbase数据，美国人工智能企业数量近1.3万家，在全球占比达到33.6%；中国人工智能企业数量近6000家，占比为16.0%；英国占比为6.6%，以上三个国家的人工智能企业数量合计占到全球总数的56.2%。亚洲的印度、日本、韩国，北美的加拿大，欧洲的德国、法国等国家也具有较好的基础，位居第二梯队。

4.2.1.3　中美在全球人工智能独角兽中平分秋色

据中关村产业研究院数据统计，截至2023年6月，全球人工智能领域独角兽企业总数达291家，分布在20个国家。来自美国的独角兽企业有

---

①　罗茂林．群雄逐鹿AI大模型狂飙之后如何商业化［N］．上海证券报，2023-12-25（003）．

131家，占全球总数的45%；来自中国的独角兽企业有108家，占全球总数的37%。以色列、英国、加拿大分别居全球第三、第四、第五位。

4.2.1.4 人工智能领域全球风投热度持续提升

人工智能领域企业融资占全球风险投资比重逐年提升。受宏观政策变化等因素影响，全球人工智能企业风险投资放缓。CB Insights数据显示，2022年投资案例2956起，披露投资金额458亿美元；2023年上半年风险投资案例下降，披露投资金额246亿美元，较上年同期下降14.6%。不过，全球人工智能企业风险投资案例数和融资金额占全球风险投资比重逐年提升，2023年上半年全球人工智能企业获得风险投资占全球风险投资总额比重达18.9%，创近年新高。

美国仍是人工智能领域风险投资重要聚集地。从国家分布来看，美国人工智能企业吸引风险投资最多，风险投资金额占全球比重近六成；其次是中国，占比达12%；英国次之，占比约7%。

具体来看，在2022年全球AI领域投融资最多的前十大案例中，50%的案例发生在美国，涉及游戏、航天航空、安防、云原生和可再生能源等；中国上榜企业分别是智能驾驶公司地平线机器人和芯片及半导体公司粤芯半导体。此外，也有来自印度、新加坡和荷兰的企业进入榜单。

4.2.1.5 美国人工智能高层人才占优

人工智能技术的蓬勃发展离不开人才和科研院所的加持。依据CS Rankings数据显示，从顶尖科研院所来看，人工智能核心层全球前100的排名机构中，美国占据55所，中国以14所排名第二，德国和英国以6所和5所分列第三位和第四位。

从全球人工智能人才情况来看，美国人工智能人才数量全球最多，人才数量遥遥领先于其他国家。根据Aminer发布的数据（截至2023年6月30日），美国入选2023年人工智能全球最具影响力学者榜单（AI 2000）的学者数量最多，共有1131人，占全球总数的56.6%；其次是中国，共有

277 人入选，约占全球总数的 1/7。

4.2.1.6 中美城市人工智能创新实力领先

全球人工智能处于加速发展期，中美城市人工智能创新实力名列前茅。全球人工智能城市创新指数是反映城市人工智能创新水平的重要指标。该指标模型包含论文、学者、机构和国际合作这四个一级指标。从 Aminer 发布的全球人工智能最具创新力城市百强榜单来看，美国、中国的上榜城市数量最多，分别为 33 个和 19 个。再从全球前十位的上榜城市来看，美国占据 3 个，其中旧金山湾区、纽约分别居全球首位和第三位，中国仅北京上榜全球前十位，居全球第二位。

4.2.2 中国人工智能产业发展现状

4.2.2.1 中国人工智能企业数量位居全球第二位

中国人工智能企业数量居全球第二位，核心企业有 5000 余家。依据中关村产业研究院的数据，我国人工智能领域企业密集诞生在 2015~2018 年，约 2/3 的人工智能领域核心企业成立年限在 5~10 年，2016 年、2017 年人工智能领域新增注册企业数量超 500 家，2017 年更是达到十年间的顶峰。随着有效投资增长乏力，后逐年减少，2022 年新增注册企业数减少到 63 家。

4.2.2.2 人工智能企业地域分布较为集中

人工智能企业主要集聚于北京、广东、上海、浙江等地。依据中关村产业研究院数据，从地域来看，我国人工智能企业主要集中在北京、上海、广东、浙江，形成京津冀、长三角、粤港澳“三足鼎立”的格局，其中北京市人工智能企业数量为 1600 余家。北京、上海、广东独角兽企业数量位居前三位。中国人工智能独角兽企业数为 108 家，其中，北京有 41 家，居全国首位。上海和广东位列第二、第三，分别拥有人工智能独角兽企业 24 家和 23 家。

4.2.2.3 中国人工智能股权投资阶段后移特征明显

融资规模增速有所放缓。依据 IT 桔子数据，受行业发展、资本市场环境变化等宏观环境因素的影响，人工智能行业投融资活动在经历 2014~2017 年快速增长至 2017 年峰值后虽有所回落，但仍保持较高水平。2022 年，中国人工智能行业投融资数量和金额均出现下滑。

人工智能领域投资阶段后移特征明显。依据 IT 桔子数据，从投资阶段来看，随着科创板等对高科技企业的加持，AI 领域的投资逐渐从天使轮等早期投资阶段向 C 轮、D 轮等晚期投资阶段，投资阶段后移特征明显。天使轮投资占比由 2013 年的 36%下降至 2022 年的 11%。

从细分领域来看，算力、数据平台、自然语言处理、计算机视觉与图像四个细分领域风险投资增速明显加快；机器学习、深度学习等领域风险投资趋缓。人工智能技术已广泛渗透到社会各个领域，生活服务、智慧医疗、智能制造、智能汽车、物流仓储投资事件较多，占人工智能全部投资事件的 75.7%。

人工智能地域集聚趋势明显，北京有领先优势。依据 IT 桔子数据，从地域分布来看，人工智能领域风险投资主要集中在北京、上海、广东、浙江和江苏。具体来看，北京股权投资案例数量和金额均在全国遥遥领先，其中投资金额约是上海的 4 倍，约是广东的 7 倍。

4.2.2.4 中国技术层学科实力全球相对优势明显

CS Rankings 数据显示，中国人工智能领域高校及科研院所数量位居全球第二位，其中，技术层专业（如计算机视觉、自然语言处理等）实力优势明显。观察基础层、技术层、应用层中国前十位在国际院校排名情况可以看出，我国技术层前十位的高校集聚在全球排名前三十位，但在基础层和应用层排名前十的高校，仅入选全球百强。

4.2.2.5 中国顶尖人工智能人才数量稳步增长

2023 年，中国入选 Aminer“全球 2000 位最具影响力的人工智能学者榜单”的人数达277人，但相较美国仍有较大差距，存在顶尖人才少、复合型人才缺失、人才供给不均衡等问题。以北京为例，北京人工智能产业位居全国第一位，但产业人才仍有较大缺口。根据中关村产业研究院测算，到2025年，预计北京人工智能人才需求量约为54万人，缺口将达37万人（其中核心产业技术人才16万人、复合型AI技能人才21万人）。

我国急缺计算理论、人机交互、安全与隐私、计算机系统等方向的顶尖学者。从人才所属领域来看，入选的顶尖人才主要集中在多媒体、芯片、物联网等领域，在人机交互、计算理论领域我国无人入选；在安全与隐私、计算机系统领域，仅有1人入选；在机器人、知识工程子领域，只有2人入选。

4.2.2.6 中国人工智能区域创新集聚效应初显

北京、上海人工智能创新实力位居全国前列。北京市科技研发技术实力最为雄厚，国家新一代人工智能开放创新平台、千亿级大模型的数量、产业集聚规模等均领跑全国。上海市加快建设上海国家新一代人工智能创新发展试验区、上海（浦东新区）人工智能创新应用先导区，形成了以浦东张江、徐汇滨江为引领，以杨浦、长宁、静安等各区联动，自贸区临港新片区和闵行码头创新驱动蓄势待发的人工智能产业集群。

浙江省人工智能企业主要集中在环杭州湾地区，杭州市引领全省人工智能产业的特色化发展，被列入国家新一代人工智能发展试验区，湖州德清县被列入全国首个县域国家新一代人工智能创新发展试验区。广东省深圳市、广州市先后获批建设国家新一代人工智能创新发展试验区和国家新一代人工智能创新应用先导区，[1] 目前已形成以广州、深圳为主引擎，珠三角其他地市为核心、粤东西北各地市协同联动的区域发展格局。[2]

---

① 叶青．搭平台强创新，走高“智”量发展路［N］．科技日报，2023-04-03（007）．

② 张雅婷，冯恋阁．多地抢抓人工智能发展高地［N］．21世纪经济报道，2023-11-14（003）．

4.3 技术发展动向：典型头部大模型的发展现状

4.3.1 国外大模型

4.3.1.1 OpenAI：GPT 系列大模型一骑绝尘，迭代迅速

OpenAI 正是基于 Transformer 基础模型推出了 GPT 系列大模型。GPT（Generative Pre-trained Transformer）即生成式预训练 Transformer 模型，模型被设计为对输入的单词进行理解和响应并生成新单词，能够生产连贯的文本段落。预训练代表着 GPT 通过填空方法来对文本进行训练。在机器学习里，存在判别式模式和生成式模式两种类型，相比之下，生成式模型更适合大数据学习，判别式模型更适合人工标注的有效数据集，因而，生成式模型更适合实现预训练。

GPT 模型依托于 Transformer 解除了顺序关联和对监督学习的依赖性的前提。在自然语言处理（NLP）领域，基于原始文本进行有效学习的能力能够大幅降低对监督学习的依赖，而很多深度学习算法要求大量手动标注数据，该过程极大地限制了其在诸多特定领域的适配性。在考虑以上局限性的前提下，通过对未标记文本的不同语料库进行语言模型的生成式预训练，然后对每个特定任务进行区分性微调，可以实现这些任务上的巨大收益。与之前方法不同，GPT 在微调期间使用任务感知输入转换，以实现有效传输，同时对基础模型架构的更改最小。

GPT 相比于 Transformer 等模型进行了显著简化。相比于 Transformer，GPT 训练了一个 12 层仅 Decoder 的解码器，原 Transformer 模型中包含编码器和解码器两部分（编码器和解码器作用在于对输入和输出的内容进行操作，成为模型能够认识的语言或格式）。同时，相比于 Google 的 BERT，GPT 仅采用上文预测单词，而 BERT 采用了基于上下文双向的预测手段。

GPT-1 采用无监督预训练和有监督微调，证明了 Transformer 对学习词向量的强大能力，在 GPT-1 得到的词向量基础上进行下游任务的学习，能够让下游任务取得更好的泛化能力。但不足之处也较为明显，该模型在未经微调的任务上虽然有一定效果，但是其泛化能力远远低于经过微调的有监督任务，说明了 GPT-1 只是一个简单的领域专家，而非通用的语言学家。

GPT-2 实现执行任务多样性，开始学习在不需要明确监督的情况下执行数量惊人的任务。GPT-2 在 GPT 的基础上进行诸多改进，在 GPT-2 阶段，OpenAI 去掉了 GPT 第一阶段的有监督微调，成为无监督模型。GPT-2 大模型是一个 1.5B 参数的 Transformer，论文中它在 8 个测试语言建模数据集中的 7 个数据集上实现了当时最先进的结果。GPT-2 模型中，Transformer 堆叠至 48 层，数据集增加到 800 万量级的网页、大小为 40GB 的文本。

GPT-2 通过调整原模型和采用多任务方式来让 AI 更贴近“通才”水平。机器学习系统通过使用大型数据集、高容量模型和监督学习的组合，在训练任务方面表现出色，然而这些系统较为脆弱，对数据分布和任务规范的轻微变化非常敏感，[①] 因而使 AI 表现更像狭义专家，并非通才。考虑到这些局限性，GPT-2 要实现的目标是向更通用的系统发展，使其可以并行执行许多不同类型的任务，最终无须为每个任务手动创建和标记训练数据集。[②] 而 GPT-2 的核心手段是采用多任务模型（Multi-task），其跟传统机器学习需要专门的标注数据集不同（从而训练出专业 AI），多任务模型不采用专门 AI 手段，而是在海量数据喂养训练的基础上，适配任何任务形式。

GPT-3 取得突破性进展，任务结果难以与人类作品区分开来。GPT-2 训练结果也有不达预期之处，所存在的问题也亟待优化。相比于 GPT-2 采用零次学习，GPT-3 采用了少量样本加入训练。GPT-3 是一个具有 1750

①② 周宣志. 以诗眼驱动的看图生成古诗词系统［D］. 成都理工大学，2021.

亿个参数的自回归语言模型，比之前的任何非稀疏语言模型多 10 倍，GPT-3 在许多 NLP 数据集上都有很强的性能（包括翻译、问题解答和完形填空任务），以及一些需要动态推理或领域适应的任务（如解译单词、在句子中使用一个新单词或执行三位数算术），GPT-3 也可以实现新闻文章样本生成等。GPT-3 论文中论述道，虽然少量样本学习稍逊色于人工微调，但在无监督下是最优的，证明了 GPT-3 相比于 GPT-2 的优越性。

InstructGPT（GPT-3.5）模型在 GPT-3 基础上进一步强化。使语言模型更大但并不意味着它们能够更好地遵循用户的意图，如大型语言模型可以生成不真实、有毒或对用户毫无帮助地输出，即这些模型与其用户不一致。另外，GPT-3 虽然选择了少样本学习和继续坚持了 GPT-2 的无监督学习，但基于 few-shot 的效果也稍逊于监督微调的方式，仍有改良空间。基于以上背景，OpenAI 在 GPT-3 基础上根据人类反馈的强化学习方案 RLHF（Reinforcement Learning from Human Feedback），训练出奖励模型去训练学习模型（用 AI 训练 AI 的思路）。InstructGPT 使用来自人类反馈的强化学习方案 RLHF，通过对大语言模型进行微调，从而能够在参数减少的情况下，实现优化 GPT-3 的功能。

InstructGPT 与 ChatGPT 属于相同代际模型，ChatGPT 的发布率先引爆市场。GPT-3 只解决了知识存储问题，尚未很好解决“知识怎么调用”的问题，而 ChatGPT 解决了这一部分，所以 GPT-3 问世两年所得到的关注远不及 ChatGPT。ChatGPT 是在 InstructGPT 的基础上增加了 Chat 属性，且开放了公众测试，ChatGPT 提升了理解人类思维的准确性的原因也在于利用了基于人类反馈数据的系统进行模型训练。

GPT-4 是 OpenAI 在深度学习扩展方面的最新里程碑。根据微软发布的 GPT-4 论文，GPT-4 已经可被视为一个通用人工智能的早期版本。GPT-4 是一个大型多模态模型（接受图像和文本输入、输出），虽然在许多现实场景中的能力不如人类，但在各种专业和学术基准测试中表现出人类水平的性能。例如，它在模拟律师资格考试中的成绩位于考生的前10%，而GPT-3.5的成绩在后10%。GPT-4不仅在文学、医学、法律、数学、物理科学和程序设计等领域表现出高度熟练，而且能够将多个领域的技能和概念统一起来，并能理解其复杂概念。[①]

除了生成能力，GPT-4还具有解释性、组合性和空间性能力。在视觉范畴内，虽然GPT-4只接受文本训练，但GPT-4不仅从训练数据中的类似示例中复制代码，而且能够处理真正的视觉任务，充分证明了该模型操作图像的强大能力。另外，GPT-4在草图生成方面，能够结合运用Stable Difusion的能力，同时GPT-4针对音乐以及编程的学习创造能力也得到了验证。

4.3.1.2 微软：与OpenAI深度绑定，占得行业先机

微软陪跑OpenAI，双方各取所需。本质上，OpenAI的做法是将公司出租给微软，租期取决于OpenAI的盈利速度。2019年微软首次注资OpenAI后，双方开始在微软的Azure云计算服务上合作开发人工智能超级计算技术，同时OpenAI逐渐将云计算服务从谷歌云迁移到Azure。微软与OpenAI合作符合双方各自需求点：一方面OpenAI亟须算力投入和商业化背书；另一方面微软也需要OpenAI，微软2015年推出Tay聊天机器人十分受挫，在AI技术商业化应用方面日渐式微，当时在基础研究层面也尚无具备广泛影响力的产出，而AI能力，尤其是大模型AI对于每一个大厂而言均是防御性质的刚需领域，因而微软可通过OpenAI重获AI竞争力。

微软与OpenAI战略合作深入占得行业先机。2020年，微软买断GPT-3基础技术许可，并获得了技术集成的优先授权。2021年，微软再次投资，双方合作关系正式进入第二阶段，从合作探索期进入“蜜月期”。作为OpenAI的云提供商，在Azure中集中部署OpenAI开发的GPT、DALLE、

① 刘强德．生成式人工智能会给家禽业带来机遇——智能禽业的“人机对话”[J]．中国禽业导刊，2024，41（1）：38-40.

Codex 等各类工具，这也形成了 OpenAI 最早的收入来源——通过 Azure 向企业提供付费 API 和 AI 工具。与此同时，拥有 OpenAI 新技术商业化授权，微软开始将 OpenAI 工具与自有产品进行深度集成，并推出相应产品。例如，2021 年 6 月，基于 Codex，微软联合 OpenAI、GitHub 推出了 AI 代码补全工具 GitHub Copilot，以月付费 10 美元或年付费 100 美元的形式提供服务。2022 年，微软开始通过 Edge 浏览器和 Bing 搜索引擎在部分国家和地区提供基于 AI 图像生成工具 DALLE 开发的 Image creator 新功能。同年 10 月，微软宣布推出了视觉设计工具 Microsoft designer，并将 ChatGPT 用于 Office 和搜索引擎 Bing 等产品中，以优化现有工具，改进产品功能。

2020 年，微软发布当时最大语言模型 Turing-NLG，为更流畅的人机对话打下了基础。在自然语言模型日趋大型的背景下，微软图灵项目推出了图灵自然语言生成（T-NLG）技术，该模型包含 170 亿参数量，是目前最大的语言模型英伟达“威震天”（Megatron）的两倍，是 OpenAI 模型 GPT-2 的 10 多倍，在预测准确度性能上也打破了已有的最高纪录。当时 OpenAI 使用了额外的处理技术（停用词过滤）来获得比独立模型更好的成绩，而 Megatron 和 T-NLG 都不使用停用词过滤技术。同时，在直接回答问题和零次回答能力上，T-NLG 会直接用完整的句子回答问题，且无须上下文环境。为了使 T-NLG 尽可能通用，为各种类型的文本生成摘要，该项目在几乎所有公开可用的摘要数据集中以多任务方式调整了 T-NLG 模型，总计约有 400 万个训练实例。总之，T-NLG 为对话更流畅的聊天机器人和数字助理等应用铺平了道路。

汲取“两家”所长，再次刷新模型规模纪录。微软联手英伟达进一步打造的 Megatron Turing-NLG（MT-NLG）模型容纳 5300 亿参数，训练过程一共使用了 4480 块英伟达 A100GPU，最终使该模型在一系列自然语言任务中（如文本预测、阅读理解、常识推理、自然语言推理、词义消歧）都获得了前所未有的准确率。MT-NLG 融合英伟达最先进的 GPU 加速训练设备，以及微软最先进的分布式学习系统，来提高训练速度，并用上千亿个 token 构建语料库，共同开发训练方法来优化效率和稳定性。具体实现上，通过借鉴英伟达 Megatron-LM 模型的 GPU 并行处理，以及微软开源的分布式训练框架 DeepSpeed，创建 3D 并行系统，对于 5300 亿个参数的模型，每个模型副本跨越 280 个 A100 GPU，节点内采用 Megatron-LM 的 8 路张量切片，节点间采用 35 路管道并行，再使用 DeepSpeed 的数据并行性进一步扩展到数千个 GPU，最终在基于 DGX SuperPOD 的 Selene 超级计算机上完成混合精度训练。该模型在 PiQA 开发集和 LAMBADA 测试集上的零样本、单样本和少样本三种设置中都获得了最好的成绩。

打造不同 AI 领域功能融合的多模态基础模型，AI 技术和模型大一统渐露曙光。2022 年 8 月，微软亚洲研究院联合微软图灵团队推出了最新升级的 BEiT-3 预训练模型，在广泛的视觉及视觉—语言任务上，包括目标检测、实例分割、语义分割、图像分类、视觉推理、视觉问答、图片描述生成和跨模态检索等，实现了 SOTA 的迁移性能。BEiT-3 创新的设计和出色的表现为多模态研究打开了新思路，也预示着 AI 大一统趋势渐露曙光。

4.3.1.3 谷歌：扎根基础模型研发，引领技术革新

构筑行业发展基石，大型基础模型持续优化升级。谷歌最早在 2017 年提出了 Transformer 网络结构，成为过去数年该领域大多数行业进展的基础。2018 年，谷歌提出的 BERT 模型在 11 个 NLP 领域的任务上都刷新了以往的纪录。与 GPT 相比，BERT 最大的区别就是使用文本的上下文来训练模型，而 GPT 专注于文本生成，使用的是上文。BERT 使用了 Transformer 的 Encoder 和 Masked LM 预训练方法，因此可以进行双向预测；而 OpenAI GPT 使用了 Transformer 的 Decoder 结构，利用了 Decoder 中的 Mask，只能进行顺序预测。BERT 无须调整结构就可以在不同的任务上进行微调，这在当时是 NLP 领域最具有突破性的一项技术。

基于 Transformer 结构，T5 明确了大模型性能提升路径。鉴于各个机构

不断提出预训练目标函数，并不断收集更多训练语料，很难分析比较这些工作的有效贡献量，因此谷歌于 2019 年推出大模型——T5（Text-to Text Transfer Transformer），将各种 NLP 任务（翻译、分类、回归、摘要生成等）都视为 Text-to-Text 任务，从而使这些任务在训练（预训练和微调）时能够使用相同的目标函数，在测试时也能使用相同的解码过程，由此可以方便地评估在阅读理解、摘要生成、文本分类等一系列 NLP 任务上，不同的模型结构、预训练目标函数、无标签数据集等的影响。本质上 T5 的目的不是提出一个新方法，而是对 NLP 领域的技术支撑点提供较为全面的分析视角，分析各种训练技巧对模型性能提升的实际影响，从而采用合适的技巧预训练出一个好的模型。

谷歌 LaMDA 实现自然对话突破，释放与技术互动的更自然的方式。在 ChatGPT 取得突破性成功之后，谷歌宣布了自己的聊天机器人谷歌 Bard，而 Bard 这个技术形象背后是 LaMDA 在提供后端支撑。LaMDA 是继 BERT 之后，谷歌于 2021 年推出的一款自然对话应用的语言模型。LaMDA 建立在谷歌 2020 年发表的早期研究之上，该研究表明，基于 Transformer 的语言模型经过对话训练，可以学会谈论几乎任何事情。此后，谷歌还发现，一旦经过训练，LaMDA 可以进行微调，从而大幅提高其反应的合理性和特异性。与其他大多数语言模型不同，LaMDA 是在对话中训练的，在训练过程中它发现了一些区别于其他语言形式的开放式对话的细微差别。总之，LaMDA 的推出虽然在技术上没有新突破，但提供了很有价值的落地方案参考。

Switch Transformer 模型进一步提升大模型参数，实现简单且高效计算。Switch Transformer 的设计原则是以一种简单且高效计算的方式来最大化 Transformer 模型的参数数量。Switch Transformer 拥有 1.6 万亿参数，超越了 GPT-3 的规模，成为史上首个万亿级语言模型。Switch Transformer 是由混合专家（Mix of Expert，MoE）AI 模型范式发展而来的，MoE 模型是指将多个专家或专门从事不同任务的模型放在一个较大的模型中，并有一个"门控网络"（Gating Network）来选择为任何给定数据要咨询哪些专家。其论文中指出，Switch Transformer 使用了稀疏激活技术，该技术只使用了神经网络权重的子集，或者是转换模型内输入数据的参数①。在相同的计算资源下，其训练速度比谷歌之前研发的最大模型 T5-XXL 还要快 4 倍。

谷歌通用稀疏语言模型 GLaM 在小样本学习上打败 GPT-3。虽然大型语言模型可以通过简单地使用更多参数来获得更好的性能，但更有效地训练和使用这些模型也十分必要。鉴于此，谷歌在 Switch Transformer 推出的同年，研发出了 GLaM 模型架构，GLaM 也是混合专家模型（MoE），其在多个小样本学习任务上取得有竞争力的性能。谷歌首先构建了一个高质量、具有 1.6 万亿 token 的数据集以及开发文本质量过滤器，谷歌应用这个过滤器来生成 Web 网页的最终子集，并将其与书籍和维基百科数据相结合来创建最终的训练数据集。完整的 GLaM 总共有 1.2T 参数，每个 MoE 包含 64 个专家，共 32 个 MoE 层，但在推理期间，模型只会激活 97B 的参数，占总参数的 8%。最终谷歌证明了稀疏激活模型在达到与密集模型相似的 Zero-shot 和 One-shot 性能时，训练时使用的数据显著减少。如果使用的数据量相同，稀疏型模型的表现明显更好。并且，GLaM 训练时耗能要少于其他模型。

融合传感器模态与语言模型，相较于 ChatGPT 新增了视觉功能。2023 年 3 月，谷歌和柏林工业大学 AI 研究团队推出了迄今最大视觉语言模型——PaLM-E 多模态视觉语言模型（VLM），该模型具有 5620 亿个参数，集成了可控制机器人的视觉和语言能力，将真实世界的连续传感器模态直接纳入语言模型，从而建立单词与感知之间的联系，且该模型能够执行各种任务且无须重新训练，其相较于 ChatGPT 新增了视觉功能。PaLM-E 的

① 熊子晗，李雨轩，陈军，等．大模型发展趋势及国内外研究现状［J］．通信企业管理，2023（6）：6-12.

主要架构思想是将连续的、具体化的观察（如图像、状态估计或其他传感器模态）注入预先训练的语言模型的语言嵌入空间，这是通过将连续观测编码为与语言标记的嵌入空间具有相同维度的向量序列实现的，因此，以类似于语言标记的方式将连续信息注入语言模型中。PaLM-E 是一种仅限解码器的 LLM，它在给定前缀或提示的情况下自回归地生成文本完成。

基于大模型积累，实现视觉语言与机器人高水平实时互联。基于语言模型，PaLM-E 会进行连续观察，如接收图像或传感器数据，并将其编码为一系列与语言令牌大小相同的向量。因此，模型就能继续以处理语言的方式“理解”感官信息。而且，同一套 PaLM-E 模型能够达到实时控制机器人的水准。PaLM-E 还展现出随机应变的能力，如尽管只接受过单图像提示训练，仍可实现多模态思维链推理（允许模型对包含语言和视觉信息在内的一系列输入进行分析）和多图像推理（同时使用多张输入图像进行推理或预测）。但谷歌展示的 Demo 中的空间范围、物品种类、任务规划复杂度等条件还比较有限，随着深度学习模型越来越复杂，PaLME 将打开更多可行性应用空间。

4.3.2 国内大模型

4.3.2.1 百度：全栈技术积累颇丰，AI 应用场景全覆盖

2023 年 3 月 16 日，百度官方发布“文心一言”。“文心一言”是百度研发的知识增强大语言模型，拥有文学创作、商业文案创作、数理逻辑推理、中文理解和多模态生成五大能力。① 文心一言在百度 ERNIE 及 PLATO 系列模型基础上研发而成，关键技术包括监督精调、人类反馈的强化学习、提示、知识增强、检索增强以及对话增强②。其中，百度在知识增强、检索增强和对话增强方面实现技术创新，使文心一言在性能上实现重大

---

① 微型计算机．百度发布生成式 AI 文心一言：五大场景、五大能力革新生产力工具［EB/OL］．［2024-1-20］．https：//new. qq. com/rain/a/20230316A0AE8100.

② 赵广立．文心一言是如何炼成的？［N］．中国科学报，2023-03-23（003）．

进步。

文心一言展现五大核心能力，对中文的深度理解以及多模态能力值得关注。百度针对文心一言的五大能力进行测试，模型在各项测试中展现出良好性能，其中对成语的理解和解释，以及音频（有方言版本）、视频生成样例，反映了文心一言在中文深度理解以及多模态生成方向的探索和实践，未来随着模型算法的持续优化，以及高质量训练数据的持续输入，文心一言有望在中文 AI 以及多模态领域不断进步，为未来的商业化落地奠定坚实基础。

文心一格和文心百中均是基于文心大模型的产品级应用，与文心一言定位相似。文心一格和文心百中是目前文心大模型成功应用的范例。其中，文心一格基于文心大模型中的文图生成模型 ERNIE-ViLG，主要实现 AI 作画应用。文心百中是基于文心 ERNIE 大模型的端到端搜索引擎，用来替代传统搜索引擎复杂的特征及系统逻辑。未来推出的文心一言，与文心一格和文心百中具有相似的定位，或将共同补全文心大模型在对话生成、图像生成和搜索等领域的应用图谱。

文心一言或将提供大模型 API 相关功能。技术上来说，文心大模型已经具备了搜索、文图生成等功能，并成功得到应用，这些能力将集成于文心一言。此外，据百度官方信息，文心一言或将提供大模型 API 相关功能。目前，文心大模型提供的大模型 API 包括 ERNIE-ViLG 文生图和 PLATO，以及正在开发的 ERNIE 3.0 文本理解与创作。ERNIE 3.0 文本理解与创作与文心一言官网相关联，能够认为文心一言等生成式对话产品或将同样提供大模型 API 相关功能。

文心千帆提供开发运维管理一体化服务平台。2023 年 3 月 27 日，百度于首批测试企业闭门沟通会中正式推出企业级“文心千帆”大模型平台，其中包括文心一言在内的大模型服务，还提供相应的开发工具链及整套环境，未来文心千帆还会支持第三方的开源大模型。文心千帆着力拓展下游应用场景，使每家企业都能拥有智能底座，实现“模型自由”。

4.3.2.2 腾讯：优化大模型训练，加速大模型应用落地

腾讯2022年底发布国内首个低成本、可落地的NLP万亿大模型：混元AI大模型。HunYuan协同腾讯预训练研发力量，旨在打造业界领先的AI预训练大模型和解决方案，以统一的平台，实现技术复用和业务降本，支持更多的场景和应用，当前HunYuan完整覆盖NLP大模型、CV大模型、多模态大模型、文生图大模型及众多行业、领域任务模型，自2022年4月开始，HunYuan先后在MSR-VTT、MSVD等五大权威数据集榜单中登顶，实现了跨模态领域的大满贯，2022年5月，HunYuan于CLUE（中文语言理解评测集合）三个榜单同时登顶，一举打破三项纪录。① 基于腾讯强大的底层算力和低成本高速网络基础设施，HunYuan依托腾讯领先的太极机器学习平台，推出了HunYuan-NLP 1T大模型并登顶国内权威的自然语言理解任务榜单CLUE。

探索大模型应用机制，实现工业界快速落地。HunYuan模型先后在热启动和课程学习、MoE路由算法、模型结构、训练加速等方面研究优化，大幅降低了万亿大模型的训练成本，用千亿模型热启动，最快一天仅用256卡在内即可完成万亿参数大模型HunYuan-NLP 1T的训练，整体训练成本仅为直接冷启动训练万亿模型的1/8。② 此外，业界基于万亿大模型的应用探索极少，对此腾讯研发了业界首个支持万亿级MoE预训练模型应用的分布式推理和模型压缩套件“太极-HCF ToolKit”，实现了无须事先从大模型蒸馏为中小模型进而推理，即可使用低成本的分布式推理组件/服务直接进行原始大模型推理部署，充分发挥了超大预训练模型带来的模型理解和生成能力的跃升，HunYuan成为业界首个可在工业界海量业务场景直接落地应用的万亿NLP大模型。③

①②③ 熊子晗，李雨轩，陈军，等．大模型发展趋势及国内外研究现状［J］．通信企业管理，2023（6）：6-12.

打造高效率开发工具，降低模型训练成本。为了使大模型能够在可接受的推理成本下最大化业务效果，腾讯设计了一套“先蒸馏后加速”的压缩方案实现大模型的业务落地，并推出太极-HCF ToolKit，它包含了从模型蒸馏、压缩量化到模型加速的完整能力，为 AI 工程师打造从数据预处理、模型训练、模型评估到模型服务的全流程高效开发工具。① 其中，太极-HCF distributed（大模型分布式推理组件）融合了分布式能力和单卡推理优化，兼顾分布式高效推理能力的构建和易用性建设。太极-SNIP（大模型压缩组件）结合量化、稀疏化和结构化剪枝等多种加速手段，进一步加速了 student 模型的推理速度。总之，腾讯在技术上从蒸馏框架和压缩加速算法两个方面，实现了迭代更快、效果更好、成本更低的大模型压缩组件。②

降低显存压力，突破模型参数扩大瓶颈。随着预训练模型参数的不断增大，模型训练需要的存储空间显著增加，如万亿模型仅模型状态需要 17000 多 G 显存，仅仅依靠显存严重束缚着模型参数的扩大。因此，基于 Zero-Infinity 理念，腾讯自主研发了太极 AngelPTM，AngelPTM 将多流异步化做到了极致，在充分利用 CPU 和 GPU 进行计算的同时，最大化地利用带宽进行数据传输和 NCCL 通信，使用异构流水线均衡设备间的负载，最大化提升整个系统的吞吐。

HunYuan 商业化拓展迅速，大模型效益得到验证。HunYuan 先后支持了包括微信、QQ、游戏、腾讯广告、腾讯云等众多产品和业务，通过 NLP、CV、跨模态等 AI 大模型，不仅为业务创造了增量价值而且降低了使用成本，特别是其在广告内容理解、行业特征挖掘、文案创意生成等方面的应用，不仅为腾讯广告带来了大幅 GMV 提升，也初步验证了大模型的商业化潜力。③

---

①②③ 黄哲．攻关 AI 大模型［N］．中国计算机报，2023-03-20（008）．

4.3.2.3 阿里：聚焦通用底层技术，开源释放大模型应用潜力

率先探索通用统一大模型，快速提升参数量级。阿里达摩院一直以来深耕多模态预训练，并率先探索通用统一大模型。阿里达摩院于2021年发布使用512卡V100GPU实现全球最大规模10万亿参数多模态大模型M6，并于2022年发布最新通义大模型系列。通义大模型注重开源开放，首次通过“统一范式”实现多模态、多任务、多结构的运行，并通过模块化设计实现高效率高性能。

M6具有强大的多模态表征能力，通过将不同模态的信息经过统一加工处理，沉淀成知识表征，可以为各个行业场景提供语言理解、图像处理、知识表征等智能服务，跟其他大模型类似，M6也是以预训练模型的形式输出泛化能力，下游只需提供场景化数据进行优化微调，就能快速产出符合行业特点的精准模型。[①] 2022年4月，清华大学、阿里巴巴达摩院等机构联合提出了“八卦炉”（BaGuaLu）模型，其为第一项在新一代神威超级计算机上训练脑尺度模型的工作，通过结合特定于硬件的节点内优化和混合并行策略，在前所未有的大型模型上实现了良好的性能和可扩展性，BaGuaLu可以使用混合精度训练14.5万亿参数模型，其性能超过1 EFLOPS，并有能力训练与人脑中突触的数量相当的174万亿参数模型。

持续聚焦大模型通用性及易用性，打造了国内首个AI统一底座。2022年9月，阿里巴巴达摩院发布了最新的通义大模型系列，打造了国内首个AI统一底座，并构建了通用与专业模型协同的层次化人工智能体系，将为AI从感知智能迈向知识驱动的认知智能提供先进基础设施[②]。通义大模型整体架构中，最底层为统一模型底座，通义统一底座中借鉴了人脑模块化设计，以场景为导向灵活拆解功能模块，实现了高效率和高性能。中间基

---

① 数字化转型系列报告 数字决策：中国商业数据智能行业研究［C］//艾瑞咨询系列研究报告（2022年第3期）. 2022：75.

② 黎坤，张书琛，张毅. ChatGPT火爆全球AI聊天机器人颠覆互联网［N］. 电脑报，2023-02-13（002）.

于底座的通用模型层覆盖了通义-M6、通义-AliceMind 和通义—视觉，专业模型层深入电商、医疗、娱乐、设计、金融等行业。

M6-OFA 覆盖多模态任务，在一系列视觉语言任务中实现了 SOTA 性能。基于统一学习范式，通义统一底座中的单一 M6-OFA 模型，将涉及多模态和单模态（NLP 和 CV）的所有任务都统一建模成序列到序列（seq2seq）任务，可以在不引入任何新增结构的情况下同时处理图像描述、视觉定位、文生图、视觉蕴含、文档摘要等 10 余项单模态和跨模态任务①，并达到国际领先水平，这一突破最大限度地打通了 AI 的感官。M6-OFA 统一多模态模型在一系列视觉语言任务中实现了 SOTA 性能，在 Image Caption 任务取得最优表现，长期在 MSCOCO 榜单排名第一。

开源深度语言模型，模块化统一趋势明显。通义-AliceMind 是阿里巴巴达摩院开源的深度语言模型体系，包含通用语言模型 StructBERT、生成式 PALM、结构化 StructuralLM、超大中文 PLUG、多模态 StructVBERT、多语言 VECO、对话 SPACE1.0/2.0/3.0 和表格 STAR1.0/2.0，过程中形成了从文本 PLUG 到多模态 mPLUG 再到模块化统一模型演化趋势。2022 年，基于 AliceMind/StructBERT 模型结果在中文语言理解测评基础 CLUE 上获得了三榜第一名。另外，270 亿参数版 AliceMind-PLUG 也是当时规模最大的开源语言大模型。

视觉大模型在电商、交通等领域应用空间巨大。通义视觉大模型自下往上分为底层统一算法架构、中层通用算法和上层产业应用。根据阿里云社区资料，通用—视觉大模型可以在电商行业实现图像搜索和万物识别等场景应用，并在文生图以及交通和自动驾驶领域发挥作用。

4.3.2.4 华为：昇腾 AI 打造全栈使能体系，支持快速构建 AI 应用

2021 年 4 月 25 日，在华为开发者大会上，华为云发布了盘古系列

① 齐旭，刘晶，宋婧．人工智能大模型竞争日趋白热化［N］．中国电子报，2023-02-28（001）．

超大规模预训练模型。自盘古大模型发布以来，已经发展出 L0、L1、L2 三大阶段的成熟体系持续进化。L0 为基础模型，这类模型无法直接应用到行业场景中，需要与行业数据结合，混合训练得到行业大模型。其中包括 NLP 大模型、CV 大模型、多模态大模型、科学计算大模型等基础大模型；L1 为行业模型，行业模型可以直接在具体细分场景进行部署，由此也就得到了细分场景模型，如气象、矿山、电力等行业大模型；L2 为细分场景模型，如电力行业的无人机巡检、金融违约风险识别模型等。

（1）中文语言（NLP）大模型：盘古 NLP 大模型是业界首个千亿参数的中文预训练大模型，被认为是最接近人类中文理解能力的 AI 大模型。在训练过程中使用了 40TB 的文本数据，包含了大量的通用知识与行业经验。2019 年权威的中文语言理解评测基准 CLUE 榜单中，盘古 NLP 大模型在总排行榜及分类、阅读理解单项均排名第一，刷新三项榜单世界历史纪录；总排行榜得分 83.046，多项子任务得分业界领先，是目前最接近人类理解水平（85.61）的预训练模型。

盘古 NLP 大模型在预训练阶段沉淀了大量的通用知识，同时也可以通过少样本学习对意图进行识别，转化为知识库和数据库查询。通过功能的模块化组合，支持行业知识库和数据库的嵌入，进而对接行业经验，使其能全场景地快速适配与扩展。例如，在华为云和循环智能合作构建的金融客服场景中，盘古 NLP 大模型能更好地赋能销售环节，帮助服务人员快速提升业务水平，重塑消费者体验。

（2）视觉（CV）大模型：视觉（CV）大模型是超过 30 亿参数的业界最大 CV 大模型，首次实现模型按需抽取，首次实现兼顾判别与生成能力。它可以基于模型大小和运行速度需求，自适应抽取不同规模模型，AI 应用开发快速落地，使 AI 开发进入工业化模式。使用层次化语义对齐和语义调整算法，在浅层特征上获得了更好的可分离性，使小样本学习的能力获得了显著提升。[①]

盘古 CV 大模型服务于智能巡检、智慧物流等场景。盘古 CV 大模型在电力巡检行业中已实现行业应用，助力国家电网。它利用海量无标注电力数据进行预训练，并结合少量标注样本微调的高效开发模式，[②] 节省人工标注时间。在模型通用性方面，结合盘古搭载的自动数据增广以及类别自适应损失函数优化策略，[③] 提升平均精度，大幅降低了模型维护成本。

（3）科学计算大模型：主要解决各种科学问题，旨在用 AI 促进基础科学的发展。包括分子大模型、金融大模型、气象大模型。例如，气象大模型可提供秒级天气预报，包括重力势、湿度、风速、温度、气压等变量的 1 小时至 7 天预测，精度均超过了当前最先进的预报方法，同时速度比传统方法提升了 1000 倍以上。同时，盘古气象大模型支持广泛的下游预报方案，如在台风路径预测任务上可以降低 20%以上的位置误差。

（4）图网络大模型：首创图网络融合技术，在工艺优化、时序预测、智能分析等场景有广泛应用。

（5）多模态大模型：具备图像和文本的跨模态理解、检索与生成能力。

昇腾（Ascend）AI 能力提供大模型全流程使能体系，构筑盘古大模型演化基石。企业用户要开发大模型，需要考虑基础开发、行业适配、实际部署等问题，华为直接打造的大模型开发使能平台，覆盖从数据准备、基础模型开发、行业应用适配到推理部署全开发流程，发布了大模型开发套件、大模型微调套件以及大模型部署套件。在大模型开发套件中，昇思 MindSpore 与 ModelArts 结合既提供了像算法开发的基础能力，还具备了像并行计算、存储优化、断点续训的特殊能力。在算法开发上，昇思 MindSpore 提供了易用编程 API，既能满足多种需求，还能百行代码就可实现千亿参数的 Transformer 模型开发；昇腾 MindX 提供的大模型微调套件，其功

①②③ 王雄. AI 大模型未来将走向何方　广泛应用成首要挑战［J］. 计算机与网络，2021，47（22）：39-40.

能包括两部分：一键式微调、低参数调优，即通过预置典型行业任务微调模板、小样本学习等手段，直接冻结局部参数，自动提示或者直接激活特定的参数；在推理部署方面，昇腾 AI 在 MindStudio 中提供了分布式推理服务化、模型轻量化、动态加密部署三个方面能力，通过多机多卡分布式推理，可以大幅提高计算吞吐量。

面向各模态应用领域，量身打造异构计算架构 CANN。昇腾 AI 全栈涵盖了计算硬件层、异构计算架构层、AI 框架层面和应用使能层面。计算硬件是 AI 计算的底座，有了强力的芯片及硬件设备，上层的加速才有实施的基础。面向计算机视觉、自然语言处理、推荐系统、类机器人等领域，华为量身打造了基于“达芬奇（DaVinci）架构”的昇腾 AI 处理器，提升用户开发效率和释放昇腾 AI 处理器澎湃算力，同步推出针对 AI 场景的异构计算架构 CANN，CANN 通过提供多层次的编程接口，以全场景、低门槛、高性能的优势，支持用户快速构建基于平台的 AI 应用和业务。

4.3.2.5 月之暗面：Kimi Chat 具备超长无损记忆与 20 万字长文本处理能力

月之暗面（Moonshot AI）公司成立于 2023 年 3 月，迅速成为国内大模型领域的关键参与者。公司的核心团队成员曾参与 Google Gemini、Google Bard、盘古 NLP 和悟道等多个重要大模型项目的研发。在成立短短一年的时间里，月之暗面已成功从通用大模型转向上层应用的全面布局。

Kimi Chat 是月之暗面推出的首个面向 C 端的产品，擅长处理多种语言的对话，尤其是中文和英文，能够理解和回应用户的多样化需求。Kimi Chat 的能力涵盖了广泛的领域，包括但不限于阅读和理解用户上传的文件，解析网页内容，以及结合搜索结果提供信息。无论是处理文本、PDF、Word 文档、PPT 幻灯片还是 Excel 电子表格，Kimi 都能够游刃有余。

目前，Kimi 引起广泛关注的特点是支持“长文本”，即能够消化大量的内容，和用户进行持续的交流。它支持高达 20 万汉字的长文本输入，这一特性显著超过了市场上许多同类产品的处理能力。Kimi Chat 的核心亮点之一是其无损记忆功能，能够在处理长文本信息时保持信息的完整性和连贯性，极大地提高了用户交互的质量和效率。这里面涉及的概念就是“context window”，即人机对话时，AI 需要记住用户输入的文字或者文件内容，并给出相应的答复，简单来说，就是“记忆力”够不够强。Kimi Chat 目前支持 200 万字，意味着它可以读完用户上传的几百页的报告或者书籍，并对这份报告加以总结，或者回答用户问题。

实现“长文本”，需要具备足够的指令检索能力和复杂的数据流处理能力。对于中文而言，还需要有大量优质的中文训练数据（语料）。文本越长，对参数要求越高。Kimi Chat 与 GPT 一样基于 Transformer 架构，参数大约 2000 亿。Kimi Chat 会找出长上下文中有哪些关键点，分配相应的权重，再用内部算法（如独创的文本编码方式）去优化搜索能力。简单来说，自有模型性能足够好。在中文处理能力上，训练的数据量约为 4~5T，全是中文。数据工程团队找了一些用户（创作、自媒体领域）进行一些训练语料的创作，这属于独有数据。这条路径和 OpenAI 类似，在语料方面需要投入真正的成本。交互的拟人性和逻辑推理方面，Kimi Chat 整体上落后于 ChatGPT 和 Claude，但是跟国内其他产品比并不逊色。

4.4　中美对比：快速迭代 vs. 现实挑战

2023 年 3 月 15 日，OpenAI 公司发布了全新一代多模态大模型 GPT-4。与 4 个月前问世的 ChatGPT 相比，GPT-4 在图片识别、图文数据综合处理、逻辑推理等领域的能力有了质的飞跃。美国在人工智能大模型领域的快速迭代创新使我国存在被快速甩离主流发展路线甚至在关键环节上有被“卡脖子”之虞。“执果索因”回溯西方人工智能领域飞速进展之源，“庖丁解牛”解析我国相关领域发展困局之因，“尽锐出战”综合施策扭转不利态势，对于打赢人工智能举国之战，支撑高水平科技自立自强，避免未来在人工智能大模型领域西方对我国“极限施压”具有重大现实意义。

4.4.1 美国人工智能大模型快速迭代之因

从2018年发布GPT-1开始，OpenAI公司旗下的GPT系列产品呈现超快迭代、一路狂飙之势，不到5年即迭代了四代产品。从GPT-3到GPT-4甚至仅历时3个多月，远超摩尔定律。2023年3月15日，多模态大模型GPT-4横空出世，震撼全球。究其原因，在于GPT的快速迭代得到技术、资金、政策等方面的全方位加持。

4.4.1.1 “创新力”成就人工智能大模型技术迭代

科技创新是人工智能发展无尽的前沿。回顾GPT类人工智能的发展历程可知，OpenAI公司自GPT-1开始，就将坚持创新视为人工智能大模型的必由之路。为了避免谷歌在人工智能领域形成垄断，OpenAI与谷歌开启了狂飙竞速。2018年，OpenAI推出了1.17亿参数的GPT-1，谷歌推出了3亿参数的BERT。更擅长“写作文”的GPT与更擅长“完形填空”的BERT采用了不同的技术路线，竞争结果是发布更早的GPT-1完败于晚4个月发布的BERT。但出师不利后，OpenAI并没有改变技术策略，而是坚持走“大模型路线”加速创新。2019~2020年，在几乎没有改变模型架构的基础上，OpenAI陆续推出参数更大的迭代版本GPT-2、GPT-3，前者有15亿参数，在性能上已经超过BERT；后者则有1750亿参数，几乎可以完成自然语言处理的绝大部分任务。GPT-3发布之后，OpenAI研究人员依旧在思考如何对模型进行进一步升级。经过创新性地引入“人类反馈强化学习机制”（RLHF），OpenAI获得了更好遵循用户意图的语言模型InstructGPT，并最终成功构建了InstuctGPT的姊妹模型——ChatGPT。

4.4.1.2 “钞能力”确保创新型企业可持续高投入

2015~2020年，用于训练人工智能大模型的计算量增加了6个数量级。

计算量的增加导致其需要庞大资金投入，否则难以为继。据估算，OpenAI的模型训练成本高达 1200 万美元，GPT-3 的单次训练成本高达 460 万美元。人工智能公司 DeepMind 从零开始训练 AlphaZero 的花费在 3500 万美元左右。目前，ChatGPT 每月的计算成本可能达数百万美元。美国官方对人工智能的投资逐年增加。2020 年达到 18.37 亿美元，较 2019 年增长了 25%，支出前三位的美国政府机构分别是国防部（14 亿美元）、宇航局（1.391 亿美元）和国土安全部（1.123 亿美元）。美国国家科学基金（NSF）在 2021 年要求将 8.68 亿美元资金用于与人工智能相关的方面，并拨款 1.6 亿美元用于新增 8 家人工智能研究所；NSF 还与合作伙伴共同宣布向 11 个其领导的国家人工智能研究中心投资 2.2 亿美元。美国民间掀起人工智能投资热。据 Leonis Capital 统计，自 2020 年至今，对生成人工智能的风险投资增长了 400%以上，2022 年已达 21 亿美元。

4.4.1.3 “政策力”全方位夯实人工智能发展基础

一是积极建立人工智能顶层规划体系。美国先后发布了《维护美国人工智能领导力的行政命令》《美国人工智能计划》《人工智能，自动化和经济》《2018 年国防部人工智能战略概要》《2020 年国家人工智能计划法案》《关键和新兴技术的国家战略》《人工智能/机器学习战略计划》等一系列人工智能战略与政策，建立起了美国政府在人工智能领域的顶层规划体系。二是积极夯实人工智能开发必备的训练数据基础。美国在《维护美国在人工智能领域领先地位》行政令中指出，所有机构的负责人应审查他们的联邦数据和模型，以确保更多非联邦人工智能研究团队访问和使用的机会。这也给美国人工智能大模型发展奠定了坚实的数据基础。三是主动完善人才战略培养体系。美国完善 K-12 阶段基础教育及高等教育的人工智能学科建设及储备人才培养；同时通过发展 STEM 领域的学徒制和终身学习计划帮助美国工人获得人工智能技能培训，培养满足人工智能时代要求的全方位专业人才队伍。

4.4.2 我国人工智能大模型发展的现实挑战

以国内最早投入人工智能领域的领军企业百度为例，GPT-4 发布一天后，百度发布了号称“中国版 ChatGPT”的“文心一言”。但无论产品表现，还是资本市场反响，“文心一言”明显“技不如人”。我国与美国在人工智能大模型方面有一定差距。

4.4.2.1 发展失衡：重应用需求，轻技术创新

与国外人工智能企业更注重自然语言处理等基础技术不同，国内企业更看重终端产品的应用需求。《中国新一代人工智能科技产业发展报告（2021）》数据显示，截至 2020 年底，中国人工智能企业布局在应用层的占比高达 84.05%。以应用需求为主要牵引动能的发展模式，势必导致我国人工智能企业更急于实现业务应用和商业化。产品略有雏形即被迫“仓促上阵”。例如，百度机器人刚具备基本对话功能，便急切通过小度 AI 及其家电场景应用谋求快速盈利。阿里巴巴无人车技术刚实现开放道路上低速行驶，便急于推出无人车配送概念。反观 OpenAI，2019 年其用于云计算技术的研发支出已达 3100 万美元，三年内翻了 13 倍之多，但员工整体薪酬仍低于行业均值，基础设施比人金贵、技术研发比盈利重要俨然成为独特的企业文化。

4.4.2.2 融资失调：总量不足与结构化短板并存

在投融资规模上，美国对我规模优势明显。根据 2021 年美国智库数据创新中心报告，2020 年获得 100 万美元以上资金的活跃人工智能公司数量，美国约为中国的 5.4 倍；在风险投资和私募股权融资额方面，美国约为中国的 2.5 倍；在研发投入方面，美国公司约为中国公司的 5.3 倍。在投融资全链条中，我国存在明显弱项。由于初创型企业融资金额与估值相对较合理，泡沫较小，国内资本更倾向于参与人工智能企业的早期投资。以 2021 年为例，人工智能行业 A 轮融资占比为 37.9%，明显领先于 C 轮

融资占比的11.37%。IT桔子数据显示，截至2022年11月，人民币交易有42.8%投向了早期AI项目，仅有7.2%投向中后期AI项目（远低于美国同期的18.8%）。但这与人工智能产业发展所需的庞大接续投入特征不匹配，容易导致技术性强而融资能力不够的公司“高开低走”，难以为继。

4.4.2.3　人才失序：人才资源储备仍显短缺

我国高校人工智能专业培育起步较晚，2019年，教育部印发了《关于公布2018年度普通高等学校本科专业备案和审批结果的通知》，全国共有35所高校获首批建设“人工智能”本科专业资格。但与西方人才储备情况相比差距依旧明显。一方面是人才供需严重失衡。根据工信部相关数据，人工智能不同技术方向岗位的人才供需比均低于0.4，人才供不应求成为常态。从细分行业来看，智能语音和计算机视觉的岗位人才供需比分别为0.08、0.09，相关人才极度稀缺。另一方面是高层次科研人才与美国差距较大。《2019年全球AI人才流动报告》显示，美国高校培养了全球44%的人工智能领域博士，大于欧盟（21%）和中国（11%）的总和。《智慧人才发展报告（2021）》显示，相比中国（10.69%），美国人工智能高层次学者数量占全球的67.87%，领先优势明显。

5 人工智能大模型的创新实质

5.1 创新引领人类发展史

科技是人类文明进步的基石，是现代化的发动机。人类发展进步的每一次重大变革，都离不开科技革命和前沿技术的颠覆性突破。当今世界正面临百年未遇之大变局，如果从更宏阔的视野审视人类发展史，即从15世纪欧洲地理大发现起，葡萄牙、西班牙、荷兰、英国、法国、德国、俄罗斯、美国等世界性大国纷纷崛起，可谓风云激荡。它们的强盛之路、博弈之道、兴衰之因无不与科技创新密切相关。以大历史观审视过去500年的沧海桑田，按照时间线展开，人类社会至少经历了两次基础科学革命和三次产业技术革命（见表5-1）。

表5-1 科学技术革命发展历程

阶段	时间	典型代表
第一次科学革命	16世纪中期至 17世纪末	从伽利略到牛顿的力学研究，确立了力学世界观，建立了近代科学体系
第一次技术革命	始于18世纪中期	始于英国，以蒸汽机的发明与应用及机器作业代替手工劳动为主要标志，开启了人类工业文明时代
第二次技术革命	始于19世纪30年代	以电力技术和内燃机技术的发明为主要标志，推动人类社会进入电气时代，西欧、美国实现工业化
第二次科学革命	始于20世纪初	以相对论和量子论为主要标志的自然科学理论根本变革，揭示了时间、空间、物质、能量之间的关系，提出了新的时空观

续表

阶段	时间	典型代表
第三次技术革命	始于20世纪三四十年代	以电子技术、计算机、信息网络技术的发展，推动人类社会进入全球化、知识化、信息化、网络化的新时代

第一次科学革命发生于16世纪中期至17世纪末，培根和笛卡尔等提出了实证主义和归纳法思想，将科学研究建立在科学方法的基础上。伽利略、牛顿等对经典力学基本规律的探索研究，确立了机械力学世界观和方法论，构筑了近代自然科学的基石，科学创新从此在欧洲逐渐成为潮流。

第一次技术革命始于18世纪中期的英国，以蒸汽机的发明与应用代替手工劳动为主要标志，机器作业逐步代替了手工劳动，以纺织业、采矿业、冶金业等为先导，开启了马克思所说的“创造了比以往世代总和还要多的物质财富”的工业文明时代，英国逐渐走向“日不落帝国”的黄金时代。

第二次技术革命始于19世纪30年代，以电力技术和内燃机技术的发明为主要标志，推动人类社会开始进入电气时代，美国、德国、俄罗斯等后发国家逐步赶超英国，深刻改变了世界政治经济格局。

第二次科学革命始于20世纪初，相对论和量子论的横空出世标志着自然科学大厦的根本性变革，人类开始掌握时间、空间、物质、能量之间的关系，新的时空观、宇宙观造就了后来科学技术令人瞩目的腾飞。

第三次技术革命始于20世纪三四十年代的美国，以电子技术、计算机、互联网等为主要标志，推动人类进入了全球化、信息化、知识化、网络化的崭新时代，美国也正基于此攀登上了世界第一强国的地位。

进一步归纳，从哲学角度考察人类发展史。马克思认为，生产力是推动社会历史发展诸因素中最活跃、最革命的因素，也是推动社会生产发展的决定性、首要因素。他十分重视科学力量的发展及其在生产中的应用，对生产关系和社会关系的变革作用。马克思指出，科学是作为独立的力量被并入劳动过程，生产力的发展归根结底来源于智力劳动特别是自然科学的发展。马克思在《1861—1863年经济学手稿》中做了大量的论述：资本家要想在激烈的商品经济竞争中获得超额利润，唯一途径就是利用科技手段提高生产力，从而降低必要劳动时间。通过机器的采用和新的生产方法的使用，能够使劳动生产力大幅提高，从而推动经济迅速发展。正如马克思在《资本论》指出的那样："现代工业通过机器、化学过程和其他方法，使工人的职能和劳动过程的社会结合不断地随着生产的技术基础发生变革。这样，它也不断地使社会内部的分工发生革命，不断地把大量资本和大批工人从一个生产部门投到另一个生产部门。"[①] 正是这种创新和变革，使资产阶级在它的不到100年的阶级统治中所创造的生产力，比过去一切世代创造的全部生产力还要多、还要大。[②] 16世纪以来，科技革命引发了一系列的产业变革，推动着大国兴衰、世界经济中心转移和国际竞争格局调整。18世纪以蒸汽机和动力机械技术为代表的科技创新，使英国崛起为世界头号强国；19世纪中期以电机和内燃机为代表的电气化技术创新，使德国跃升为世界工业强国；20世纪初美国已成为世界头号经济大国；20世纪以电子和信息技术为代表的科技革命，使美国、德国、法国、英国等进入工业化成熟期。日本抓住了此次机会，实现了经济腾飞。由此可见，科技创新在很大程度上决定着世界经济政治力量对比的变化发展，进而决定着各国竞争实力与各民族的未来前途与命运。[③]

未来也可以更进一步全面审视，了解科技创新与经济周期、企业变革的内在联系。赋予创新经济学含义的学者是美籍奥地利经济学家约瑟夫·熊彼特，当今讨论的创新很大程度上也是源于熊彼特传统。大体来说，熊彼特关于创新的主要观点可以归纳为三个方面：第一，创新与科学、发明

① 赵伟．马克思人的需要理论的发生学逻辑探析及中国化启示［J］．北京青年政治学院学报，2011，20（4）：71-78+102.

② 马克思恩格斯选集（第一卷）［M］．北京：人民出版社，1995.

③ 柯正言．努力建设世界科技强国［N］．人民日报，2015-10-28.

不同之处在于，科学是科学家的事情，发明是技术专家的事情，而创新则是企业家的天职，“只要发明还没有得到实际上的应用，那么在经济上就是不起作用的”。第二，创新的本质是建立一种新的生产函数，包括形成新的生产方法，如引进新产品、引用新技术、开辟新市场、控制原材料的新供应来源、实现企业的新组织等。第三，由创新引发的创造性毁灭是经济发展的基本动力，因为创新会打破既有的市场均衡，通过创新获得的超额利润是对企业家的最高奖赏。[①] 熊彼特在对经济周期与三次产业革命中的技术创新进行比较研究后提出，科技是决定经济实现繁荣、衰退、萧条和复苏周期过程的主要因素。[②] 德国经济学家格哈德·门施（G. Mensch）在《技术的僵局》一书中利用现代统计方法，通过对 112 项重要的技术创新考察发现，科技是经济发展新高潮的基础。当前全球正处于大的技术变革时代，大数据、人工智能、“互联网+”等正在推动着科技与经济的深入融合。

如果按照空间线展开，对比东西方的发展历程与力量消长，则更能体现出科技创新的洪荒伟力。《世界经济千年史》显示，1820 年，中国国内生产总值（GDP）占世界经济总量的 32.9%，是英国的 7 倍，西欧各国的总和才占 23.6%，美国和日本分别占 1.8%和 3%。1860 年，英国现代生产能力占全世界的 40%~50%，人均工业化水平是中国的 15 倍。而美国工业总产值在 1810~1860 年增加了 9 倍。1895 年，中国国内生产总值首次被美国超过。直到 1937 年，中国国内生产总值约为日本的 2 倍，但工业化水平已远远低于日本。[③] 再对比改革开放以来的历程，这种剧变更为令人瞩目。1978 年，我国 GDP 仅为 3679 亿元，世界第一人口大国的经济实力排位在世界前十开外，科技创新热点领域也缺少中国人的身影。四十多年后，我国通过改革开放迅速跟上了世界科学技术发展的步伐。现在，我国已经成

---

①② 约瑟夫·熊彼特．经济发展理论［M］．何畏，译．北京：商务印书馆，1990.

③ 麦迪森．世界经济千年史［M］．北京：北京大学出版社，2003.

为世界第二大经济体、制造业第一大国、货物贸易第一大国、商品消费第二大国，多年来对世界经济增长的贡献率突破 30%。不断提速的科技创新与我国稳定的社会大局、庞大的市场规模相共振，为民族复兴和国家富强打下了坚实的基础。

通过对科技史创新史的再学习、再归纳，本书可以进一步明确：科学技术就是世界性强国的根本标志，是最具革命性的关键力量。科技创新引领的生产力飞跃和生产结构优化升级远比经济总量更重要，“先进就能制胜，落后就要挨打”，这是科技史创新史给予世人最大的启示。对每一个时代最为前沿的科学技术创新进行系统梳理研究，就是抓住了人类发展史的主线脉络。

5.2 我国加快建设创新型国家

关于什么是创新型国家，目前并没有严格的统一界定，但国际学术界已经达成了基本共识：创新型国家是指以科技创新为经济社会发展核心驱动力的国家。把那些将科技创新作为国家基本战略，大幅提高创新能力，形成强大竞争优势的国家，称为创新型国家。目前世界上公认的创新型国家有 20 个左右，包括美国、德国、日本、英国、芬兰、以色列、韩国等。这些国家一般具备以下四个特征：整个社会对创新活动的投入较高，全社会研发投入即 R&D 支出占 GDP 的比重一般在 2%以上；科技进步贡献率达 70%以上；对外技术依存度通常在 30%以下；创新产出高，产业技术创新能力强。此外，这些国家所获得的三方专利（美国、欧洲和日本授权的专利）数占世界数量的绝大多数。[①]

中国共产党历来重视科技创新。中华人民共和国成立初期，毛泽东同志就号召全国人民“向科学进军”，1963 年又进一步强调，“科学技术这

① https://www.gov.cn/jrzg/2006-02/04/content_177387.htm.

一仗，一定要打好，而且必须打好。不搞科学技术，生产力就无法提高。”① 改革开放之后，邓小平同志的“科学技术是第一生产力”② 这句名言，大家都耳熟能详。党的十四大报告首次提到了创新问题，此后，党中央一直高度重视创新，也正因如此，才实现了我国经济的高速跨越式发展。党的十七大报告明确指出，提高自主创新能力，建设创新型国家，是国家发展战略的核心。党的十八大以来，党中央更是把创新提到了前所未有的高度。习近平总书记指出，创新是一个民族进步的灵魂，是一个国家兴旺发达的不竭动力，也是中华民族最深沉的民族禀赋。在激烈的国际竞争中，唯创新者强，唯创新者胜。综合国力竞争说到底是创新的竞争。创新是引领发展的第一动力，抓创新就是抓发展，谋创新就是谋未来。③ 在党的十八届五中全会上，以习近平同志为核心的党中央十分明确地将科技创新提升和深化作为包括理论创新、制度创新、科技创新、文化创新等在内的全面创新，丰富和发展了创新理论。创新理论是社会发展和变革的先导，是各类创新活动的思想灵魂和方法来源。四十多年的改革开放历程是不断理论创新的实践写照。社会主义本质论、社会主义初级阶段理论、社会主义市场经济理论、改革开放理论、科学发展观、“五位一体”总体布局、“四个全面”战略布局、新发展理念等，有力地促进了中国特色社会主义事业的蓬勃发展④。习近平总书记反复强调：“创新是一个民族进步的灵魂，是一个国家兴旺发达的不竭动力，惟创新者进，惟创新者强，惟创新者胜。”党的十八届五中全会明确将科技创新提升和深化作为包括理论创新、制度创新、科技创新、文化创新等在内的全面创新。党的十九大进一步提出到 2035 年跻身创新型国家前列。融入创新型国家建设步伐，加快技术的全面创新，是当前抢抓新一轮科技革命和产业变革、构筑竞争优势

① 中共中央文献研究室．毛泽东文选（第八卷）［M］．北京：人民出版社，1999.
② 邓小平．邓小平文选（第三卷）［M］．北京：人民出版社，1993.
③④ 陈宇学．创新发展为经济社会注入强劲动力［N］．学习时报，2017-09-20.

实现基业长青的不二选择。“求木之长者，必固其根本；欲流之远者，必浚其源泉”，我们学习新发展理念，落实创新驱动发展战略，首先就是要科学理解和把握科学技术史和创新史，从“我们是如何走来”中获得启示，指引我们“要到何处去”。加快建设创新型国家，是解决人民日益增长的美好生活需要和不平衡、不充分的发展之间的必然要求，是我国抓住全球新一轮科技革命和产业革命机会的不二选择，是全面建设社会主义现代化国家和实现中华民族伟大复兴的必由之路。

5.3 当代科技创新的基本态势和特点

回顾历史是为了经世致用，从来时路推而广之，可以鉴证当代科技创新的基本特征。也只有对当代科学技术创新进展有深厚的理解，才能有的放矢，顺应时代。从整体来看，全球新一轮科技革命与产业机构调整变革正在加速酝酿，创新成果集群爆发的晨钟已渐近耳边。这一轮科学技术变革的主要包括表现形态是“互联网+”大行其道，新一代信息技术与工业资源深度融合。在工业领域，主要是“互联网+”机器人、3D 打印、AR/VR、新能源、新材料等开始冲击与改造传统制造业；在农业领域，是“互联网+”智能农业、生物工程等对传统生产方式的提质增效；在第三产业，是“互联网+”金融、商务、教育、医疗、媒体等各种新兴服务业加速了各类创新要素的流动效率。可以预见，在今后若干年内，“互联网+”“人工智能+”将极大地提高社会生产力和社会劳动效能，并以前所未有的广度和深度迅疾地冲击人类固有的生产关系，乃至改变经济社会运行模式和政府治理方式等。

为了更深层次地把握当代科技创新规律，本书可以借助理论工具加以推演、归纳与融贯。这里我们可以从供给端、需求端分别进行梳理。在供给端重点考虑的是生产力、生产关系和建筑于其上的生态组织形态，在需求端主要考虑的是用户需求及行为演变。

5.3.1 供给端看当代科技创新

众所周知，唯物的、辩证的、不以人的意志为转移地揭示出生产力是社会发展的根本动力，生产关系要适应生产力是马克思主义整体理论体系的一大精华。在《德意志意识形态》中，马克思首次阐述和运用了生产关系概念。狭义的生产关系是指人们在直接生产过程中结成的相互关系，包括生产资料所有制关系、生产中个体间的关系和产品分配关系。[①] 广义的生产关系则是指人们在再生产的过程中结成的相互关系，包括生产、分配、交换和消费等诸多关系在内的生产关系体系。[②] 习近平总书记反复强调，要学习和掌握社会基本矛盾分析法，深入理解全面深化改革的重要性和紧迫性。只有把生产力和生产关系的矛盾运动同经济基础和上层建筑的矛盾运动结合起来观察，把社会基本矛盾作为一个整体来观察，才能全面把握整个社会的基本面貌和发展方向。眼下新一轮科技革命和产业变革的鲜明特征也可以从生产力变革、生产关系变革以及生产组织形态变革方面进行把握。

在生产力变革方面。互联网、大数据、人工智能广泛渗入传统工业体系，不断催生新业务新模式新业态，技术、伦理、法律融合汇聚的科技领域成为前沿，人类社会在经历了自然经济时代、农业经济时代、工业经济时代之后，正在进入以生产生活领域全方位、全层级、全过程信息化为标志的数字经济、智能经济时代。

在生产关系变革方面。一是生产资料逐步向共建、共用、共享演变。除少数极大化的平台类企业外，绝大多数企业将“极小化”地深耕细作各自的细分领域，并通过资源共享和能力协同提供/获取标准化、通用化产

---

①② 卡尔·马克思，弗里德里希·恩格斯．德意志意识形态［M］．中共中央马克思恩格斯列宁斯大林著作编译局，译．北京：人民出版社，2018.

品与服务。独占各类生产资料既不可能，也无必要。二是劳动关系逐步走向平等、协同、互助演变。生产消费化、消费柔性化、制造服务化等趋势日益明显，迫使传统生产商、配套商、供应商、终端用户等网络重构与颠覆，取而代之的是企业内部、各利益相关企业之间、企业与用户之间的密切协同、平等互动。三是产品分配逐步走向均衡、透明、共赢演变。随着各利益相关方协作程度的加深，利益共享风险共担将成为常态。“互联网+”所带来的信息效率提升和集聚效应增强更将促进重复博弈过程走向帕累托最优，实现各方的互惠共赢与利益均衡。

在生产组织形态方面。创新参与主体大众化、创新组织机构开放化、创新行业领域跨界化、创新链接机制平台化、创新资金来源多元化等①不断深化，以去中心化、去体制化、去管理化、去局限化等为特征的新型研发机构、创新集群、卓越创新中心、共享实验室、众创空间、开放创新平台等不断涌现，带动各地各类企业逐步走向信息互通、资源共享、能力协同、开放合作、互利共赢的新常态。

综合本轮新科技革命和产业变革在供给端的表现，本书不难得出这样的结论：当代科技创新是知识经济、智能经济、网络经济背景下的集群突破和体系创新，创新是第一动力，协同是突出要求，资源要素整合集成是常态。

5.3.2 需求端看当代科技创新

根据西方经济学的经典表述，需求曲线是显示价格与需求量关系的曲线，在一般情况下具有连续的特征，即根据当前的需求值可以比较准确地预测下一个需求值。农业文明时代的需求属于连续慢变量，农业生产是相对静态、稳定的，根据当年的需求就可以比较准确地预测下一年度的需

① 陆琦．中科院科技战略咨询研究院院长潘教峰：构建新型组织模式释放创新动力［N］．中国科学报，2017-12-26.

求，故而农业文明时代的需求端是相对“惰性”和稳定的。工业文明时代的需求也属于连续变量，但需求量起伏开始明显加大、变化周期缩短，由于供给侧的变化跟不上需求侧的变化幅度与速度，因此表现出周期性经济危机。而随着信息化、智能化速度的加快，需求曲线开始出现“离散化”趋势，即当前需求值无法预测下一个需求值，需求侧变化远远快于供应侧的反应速度。不同于农业文明时代和工业文明时代市场需求“二八定律”（20%的品种拥有80%的市场份额），当代市场需求往往出现“长尾效应”（20%的品种拥有40%~50%的份额，另外80%的产品品种拥有50%~60%的市场份额），且需求的离散度进一步上升，整个市场需求像银河系一样——无头无尾，只有大致轮廓而无明确边界。这就使传统的预测市场需求成为不可能，传统跟踪市场变化的方法模型逐步失效。一方面，人工智能作为新兴手段，开始成为适应需求、引领需求的可选策略；另一方面，业内知名研究机构——Gartner，2020年的一项调研数据显示，有大约30%的企业组织表示将增加人工智能方向的投资，即少数企业持续拉开与大多数的差距。

5.4 人工智能大模型的颠覆式创新实质

5.4.1 从生产力角度开启了智能文明时代

根据前述观点，人类文明发展史上的任何大变革都有赖于生产要素和生产力的颠覆式创新，进而促使人类自身的不断解放。延续数千年的农业文明社会、17世纪工业革命兴起以来的工业文明社会、第二次世界大战特别是全球化潮流缔造的信息文明社会，其代表性的生产要素分别是土地、机器、资本；最活跃的生产力分别是农具/兵器制造技术、近代自然科学技术、信息和互联网技术。GPT类人工智能应用的横空出世带给世人“未来已来”的共识，彰显我们已进入以数据为基本生产要素、以算法+算力为核心生产力的智能文明时代。[①]

新的文明形态下，人工智能可以不断提高生产自动化与智能化进度，实现资本对劳动的更高替代，减轻劳动力成本上升带来的成本增加，实现全社会的成本节约和红利积累，人类社会继解放了群体生存、物质生产、信息流通等桎梏之后，有望向着精神自由、智能赋能快速迈进。

首先，人工智能能够提升人类认知和改造世界的力量，正在与千行百业快速深度融合，其多线程、多领域、多任务的优点正在进一步提升生产力效率。以蛋白质结构预测为例，传统方法是利用 X 线晶体学和冷冻电子显微镜来确定蛋白质结构，耗时且昂贵。而谷歌旗下人工智能公司 Deep Mind 创建的人工智能 AlphaFold，预测 100 万种物种的 2 亿多种蛋白质的结构，几乎覆盖了地球上所有的蛋白质，这一突破将大大加速新药开发流程。[②]

其次，新时代基于大数据与人工智能分析的机器智能将对个体智能形成有效补充。人类的灵感往往源自各种各样的事物，包括自然界、艺术、文学和科学等。它是一种独特的能力，能够引发我们内心深处的情感和思考。然而，人工智能的出现给灵感的起源和表达方式带来了新的可能性。人工智能在大数据分析和模式识别方面的能力为创造力的激发和发展提供了新的途径。通过对庞大的数据集进行分析，人工智能可以发现隐藏在其中的模式和关联性，从而为创意维提供新的触发点。这种数据驱动的方法可以帮助人们更好地理解和探索他们所从事的领域，并为他们提供更广阔的创作空间。

最后，人工智能是新质生产力的重要引擎。习近平总书记在中共中央

① 徐凌验，关乐宁，单志广．GPT 类人工智能对我国的六大变革和影响展望［J］．中国经贸导刊，2023（5）：35-38.

② Callaway E. ‘The Entire Protein Universe’: AI Predicts Shape of Nearly Every Known Protein［J］. Nature. 2022，608（7921）：15-16.

政治局第十一次集体学习时强调“新质生产力是创新起主导作用，摆脱传统经济增长方式、生产力发展路径，具有高科技、高效能、高质量特征，符合新发展理念的先进生产力质态。它由技术革命性突破、生产要素创新性配置、产业深度转型升级而催生，以劳动者、劳动资料、劳动对象及其优化组合的跃升为基本内涵，以全要素生产率大幅提升为核心标志，特点是创新，关键在质优，本质是先进生产力”。[①] 人工智能正是加快形成新质生产力的重要抓手。一方面，人工智能推动各行各业技术创新，从而赋能千行百业，更有助于我国区域经济转型和产业结构优化升级。另一方面，人工智能有助于构建具有全球竞争力的高科技产业体系，合成生物、区块链、脑科学与类脑智能等未来产业的发展极大地依赖人工智能技术，未来人工智能的进步不仅体现在技术突破，更重要的是通过释放新质生产力，助力产业深度转型升级，构建全球竞争力。

5.4.2 从生产关系角度开启了主客体融合时代

人工智能已超出了技术革命范畴，更应该被定义为一次深层次的智慧革命。从特点来看，技术革命基本上是通过对有形物质结构和物质载体关系的重构与改造，带来功能变化的技术升级；智慧革命则是无形的信息和程序的迭代变化带来的认识和控制能力的智慧升级。前者以物质变化为基础，迭代速度慢；后者以信息形式变化为基础，以指数级加速度迭代。从目的来看，技术革命是以多、快、好、省为目的地制造更高端的工具，人类因之获得帮手。智慧革命则是人类所制造的智能工具与人类自身相互融合协作、智能迭代匹配，甚至有可能相互竞争控制权的过程，“主人”不再“高高在上”，“帮手”也不再“唯唯诺诺”，整个人类社会对人工智能的依赖程度与日俱增，主客融合、共生共荣将成为常态。

① 新华社．习近平在中共中央政治局第十一次集体学习时强调 加快发展新质生产力 扎实推进高质量发展［N］．科技日报，2024-02-02．

人工智能促使人与生产资料结合更加充分。首先，人工智能促使打破生产工具的排他性。传统场景下，员工在固定的工作场景，与工友团队，借助单一劳动工具完成工作，关系大多是一对一的，即一个员工使用一个劳动工具。而人工智能赋能下，同一个应用可以完成一对多的服务。如ChatGPT等人工智能应用，通过开放API接口等方式，可以同时为数以百万计的用户同时使用。其次，人工智能通过使用不断学习迭代反而更加智能。传统生产工具随着使用会逐渐消耗，也就是折旧。但人工智能生产工具在不断使用中，反而会积累更多训练语料，进一步提高大模型的精准度，创造更大价值。最后，人工智能极大降低了使用者的入门门槛。传统工具（如机器设备等）大多需要进行专门培训才有可能掌握使用。人工智能大模型可以通过自然语言发布指令，大大降低了使用门槛，进一步实现推广应用。

人工智能有望从单一工具转变为“合作伙伴”“创意搭档”。人工智能可作为一种创作工具，帮助人们实现创意。现阶段的ChatGPT已经可以根据指令，协助用户从事代码、文案、音乐、翻译、视频、画图等多种创造性工作，甚至可以创作出具有一定艺术价值的作品。虽然这些作品是由机器生成的，但它们可以激发灵感，成为思考和创作的起点，为用户提供新思路。在这个过程中，人工智能不只是一种工具，还可以成为与人类合作的创造伙伴，为人类带来新的视角和创意。

5.4.3　从社会治理角度开启了中国式现代化新篇章

人工智能的颠覆式创新力将给各国经济社会有效管理提出新命题，也有望助力中国式现代化向更高质量阶段推进。

一看“地利”，海量数据投喂与快速学习迭代是GPT类人工智能应用所赖以生存的土壤，与中国巨大人口规模、庞大数据生成量相呼应，完全有可能通过“领军企业前驱+有为政府推动+海量人口助力”的路径加快迭代进步。根据《数字中国发展报告（2022年）》，2022年我国数据产量达8.1ZB，同比增长22.7%，占全球数据总产量的10.5%，位居世界第二。IDC最新发布的Global Data Sphere 2023显示，2027年中国数据量规模将增长至76.6ZB，年均增长速度CAGR达到26.3%，居全球第一位。中国不仅拥有庞大的消费、出行、医疗、旅游、物流等数据资源，此外，还有众多细分领域的专业数据，如共享单车使用数据、诊断用医疗扫描数据、汽车事故数据、银行存取款数据、农田卫星图像等。中国政府数据也在逐步加大开放的力度，这些都为人工智能发展打下了坚实基础。

二看“人和”，一方面，人工智能大模型有助于服务共同富裕大局。平民化使用推广、泛化应用交流造就了ChatGPT这一万众参与的、接地气爆款产品。迥异于以往“小作坊”“独门独院”式的技术创新，此类技术在普及应用中自带“削峰填谷”“损余补缺”的潜能，不仅有利于提升知识传播效率，打破“知识垄断”，而且有利于服务我国共同富裕大局。另一方面，我国人工智能人才优势正在扩大。人工智能已被纳入“国家关键领域急需高层次人才培养专项招生计划”支持范围，精准扩大人工智能相关学科高层次人才培养规模。早在2018年，教育部就印发了《高等学校人工智能创新行动计划》，引导高校瞄准世界科技前沿，强化基础研究，实现前瞻性基础研究和引领性原创成果的重大突破，进一步提升高校人工智能领域科技创新、人才培养和服务国家需求的能力。2024年，教育部计划推出184个中小学人工智能教育基地，旨在提高中小学生对人工智能的认识和了解，培养他们的科技素养和创新能力。提升人工智能领域青年人才培养水平，将为我国抢占世界科技前沿，实现引领性原创成果的重大突破，提供更加充分的人才支撑。

三看“谐行”，GPT类人工智能应用五年内即迭代四个版本，狂飙突进的技术创新将前所未有地提升机器智能，加速“类脑”思考，有可能为物质文明与精神文明、人与自然、国家与社会等各要素之间更和谐运行提供更优解，服务我国治理体系与治理能力提升。习近平总书记指出，“要加强人工智能同社会治理的结合，开发适用于政府服务和决策的人工智能系统，加强政务信息资源整合和公共需求精准预测，推进智慧城市建设，促进人工智能在公共安全领域的深度应用，加强生态领域人工智能运用，运用人工智能提高公共服务和社会治理水平”。人工智能作为释放数据要素价值、发挥数据倍增作用的重要工具，可高效协调各相关方，实现全链条、多领域、全方位的效率提升，为构建协同高效的国家治理体系和治理能力现代化提供有力支撑。

5.4.4 从经济发展角度筑牢了高质量发展的基础

习近平总书记指出，“把新一代人工智能作为推动科技跨越发展、产业优化升级、生产力整体跃升的驱动力量，努力实现高质量发展”。人工智能是高质量发展的重要技术引擎，将推动我国经济社会发展的系统性变革。

一是从技术进步来看，人工智能具有推动产业革新的巨大潜力。人工智能融合了包括新型算法、云计算、物联网、大数据等在内的一系列前沿技术，并且其技术融合的图谱仍在迅速拓展，其丰富的落地场景和应用案例具有推动产业革新，提升经济效益和促进社会发展的巨大潜力。加之人工智能具有溢出带动性很强的“头雁”效应，为第四次工业革命的重要推动力，人工智能作为引领新一轮科技革命和产业变革的战略性技术，是推动我国科技跨越发展、产业优化升级、生产力整体跃升的重要战略发力点。

二是从发展速度来看，综合赛迪顾问等权威机构多项预测数据，仅以算力为例，预计到 2026 年，我国算力规模将超过 360EFLOPS，三年复合增长率达到 20%；网络安全市场规模将达到 1092.1 亿元；人工智能产业规模预计到 2035 年将实现 17295 亿元，占全球比重的 30.6%，2024~2035 年平均增速在9.0%以上，完成从“示范应用探索期”向“规模应用成熟期”的转换。全行业较高速度增长、快速走向成熟将是经济新常态下我国保证基本面长期稳定向好的“定海神针”。

三是从赋能领域来看，人工智能将打造百花齐放的个性化新模式新业态。多数主要商业研究机构认为，总体来看，世界各国都将受益于人工智能，实现经济大幅增长，到2030年，人工智能将助推全球生产总值增长12%左右，将催生数个千亿美元甚至万亿美元规模的产业。[①] 现有人工智能应用已经应用于医疗、教育、交通等领域，未来有望出现更多“私人订制”的应用与服务，出现更多“AI私人医生”“AI家庭教师”“AI专业陪护”等新模式、新业态，提供更加精准的个性化服务。

① 张鑫．如何认识人工智能对未来经济社会的影响［N］. 经济日报，2020-09-03（011）.

6 人工智能大模型的五大变革

人工智能大模型由于其强大的自然语言与多模态信息处理能力，可以应对不同语义粒度下需要逻辑推理的复杂任务，同时具有超强的迁移学习和少样本学习能力，快速实现对不同领域、不同数据模式的适配，这些特点使大模型应用在众多行业扩散应用，并经过行业的交联、融合、互促，逐渐从五个维度开启了对现代文明的大重塑、大变革。

6.1 科技创新总体战与综合国力大洗牌

GPT 类人工智能的不断创新发育，将冲击近代以来所形成的传统认知规律和科研方式，依托飞速迭代的科技创新重构人类知识与智慧体系。从纵向来看，新一代人工智能能够带动产业链上下游的技术创新，从横向来看能够与其他领域技术交叉融合、开拓社会研发创新的新模式。

6.1.1 纵向上带动产业链上下游技术创新

人工智能属于复杂产业链，产业规模庞大、产业环节繁多、产品架构及生产应用系统复杂度高，不仅自身具有巨大的增长潜能，而且能够对相关产业产生巨大的前后向带动牵引作用，形成产业化的链式创新。从上游来看，新一代人工智能的发展将催生算力、云服务等基础设施的大力发展，据华为轮值董事长胡厚崑表示，随着人工智能的飞速发展，到 2030 年，通用算力将增加 10 倍，人工智能算力将增加 500 倍。从中游来看，人工智能尤其是 AIGC 的发展，促使中游通用技术的不断创新迭代，形成各种技术奇点；从下游来看，加速赋能场景落地，在教育、医疗、安防等领域均有广泛的应用场景。根据国家信息中心《智能计算中心创新发展指南》，预计2020~2030年我国人工智能核心产业规模的年均复合增长率将达到20.9%、带动相关产业规模的年均复合增长率达到25.9%。①

6.1.2 横向拓宽交叉融合领域技术创新

新一代人工智能加速与生物、能源、先进材料等其他前沿技术领域交叉融合，产生创新的群体性跃升态势。例如，新一代人工智能与材料科学能够协同互进，在材料设计和材料筛选方面表现出巨大潜力，将有望极大地推动新型材料的发现和传统材料的更新;② 而新型材料能够助力打造更具灵敏度、柔韧度、透明度和稳定性的人工智能设备，进一步推动新一代人工智能的发展，新一代人工智能与传统工业技术结合，能对运行工况、环境参数及生产状态、质量状态等多维海量数据分析挖掘，可以缩短传统工业设计的时间，改善生产流程，促进“数实融合”提质降本增效。

6.1.3 人工智能大模型正成为战略制高点与竞争胜负手

从国家间竞争角度来看，GPT类人工智能依赖算法结构设计和大数据、模板喂养，具体而言即需要面向多模态需求的强大数据、算力管道、海量人群互动、有效时间积累，非世界主要大国、强国无法逾越这极高的技术门槛和资源需求。因而GPT类人工智能的竞逐必将成为国家民族层面的战略制高点、竞争胜负手，必须以“总体战”的高度理解与应对之。目前，西方的既有优势和正在不断自我强化的技术迭代创新，在技术上，我国目前并没有明显的优势，GPT类人工通用智能方面刚刚起步；在数据和模板喂养上，我国现有数据历史积累与西方所实际控制的数据规模相比并

① 国家信息中心．智能计算中心创新发展指南［R］．国家信息中心，2023.

② 袁一雪．人工智能助力材料科学未来已来［N］．中国科学报，2021-01-28（003）.

不占有突出优势；在人群参与上，我国相对于海外人口规模、相对于西方数据相互掌握融合方面的不对称实力仍存在差距；在时间窗口上，我国已经落后于西方，为此，我国无论如何不能、不应缺席这场人工智能举国之战，必须以国家生死存亡所系的高度，以国家参与国际战略竞争胜负所在的定位，以所能达到的最快速度和行动，最强举国机制介入，最强有力的组织，最予以重视的规划、设计和政策推进，全力以赴做好人工智能大模型的发展和追赶。

6.2　教学方式大调整与教育本质返初心

GPT 类人工智能对教育的冲击可能影响深远。从学习方式来看，促使“效率跃升”“时空解锁”。以 ChatGPT 为代表的人工智能应用可以模仿人脑的决策能力，即时迅捷提供有效知识反馈，极大提升了知识获取效率。同时，人工智能可以针对不同学生的生物钟、学习习惯及背景，随时提供针对性知识，打破了学习时空的制约。从教学理念来看，促使“人机共教”“有教无类”。人工智能助教将大行其道，“机器人老师”完全有能力成为师资力量的重要组成部分。人工智能也将助推全民开放式终身教育。学习不再局限于基础教育阶段，更是个性化精准学习、泛化便捷学习、沉浸式快乐学习、激发式互动学习的务实之路；从教育本质来看，促使“物尽其用”“人的解放”。以培养具备一定基础知识技能和严格服从精神的标准化人才为目标的工业化时代的教育模式将趋于终结。在人工智能时代，创新能力和工具使用能力成为创新型人才培养的优先方向。“机无我有”的能力方为稀缺，人工智能则重在把人们从对传统海量冗余信息的梳理加工中解放出来。工具潜能的充分挖掘使人类身心的进一步解放成为可能，寻回教育的本质初心。

6.2.1 从学习方式来看：促使“效率跃升”和“时空解锁”

一是人工智能颠覆了传统学习方式，极大提升了知识获取效率。以ChatGPT为代表的人工智能应用可以模仿人脑的决策能力，像人一样感知、识别、思考、学习和协作。基于此，人工智能实际上为用户打造了个性化智慧导师。无论是写论文、制作商业提案，还是写诗、写故事，GPT-4都能快速“理解”，即时迅捷提供有效知识反馈。二是人工智能打破了常规学习的时空限制。人工智能可以针对不同学生的生物钟、学习习惯及学习背景，随时随地提供针对性知识，辅助学生更高效率地学习，使学习不再拘泥于特定时间和地点。

6.2.2 从教学理念来看：促使“人机共教”和“有教无类”

一是人工智能助教将大行其道。早在2016年就有人工智能助教的出现。美国佐治亚州理工大学计算机科学系教授艾休克·戈尔（Ashok Goel）在网络课程中将一款基于IBM沃森技术的聊天机器人（Jill）安排为课程助教。① Jill能直接与学生沟通，达到97%的正确率，在为期5个月的时间里，学生竟然没能发现一直是人工智能在回答他们的问题。② 未来的教师队伍中必将会出现更多的人工智能教师，“人机共教”的时代正在到来。二是助推全民开放式终身教育。人工智能时代，学习不再局限于基础教育阶段，更是全民开放式终身教育的选择。如上海开放大学以人工智能为助力，逐步形成了包括智慧学习空间、智能助教、开放在线学习、教学评价的四类人工智能应用场景，③ 探索了一条包括个性化精准学习、泛在化便

---

① 何菊玲，牛雪琪．论人工智能时代教师专业劳动的非物质价值属性及其不可替代性［J］．中国电化教育，2022（9）：98-106.

② 宋海龙，任仕坤．从教育要素的视角看人工智能对教育的冲击［J］．理论界，2019（8）：96-102.

③ 人工智能助力开放教育步入发展新阶段［N］．解放日报，2022-09-01（004）.

捷学习、沉浸式快乐学习、激发式互动学习的切实可行的“AI+开放教育”的实践之路。

6.2.3 从教育的本质来看：促使“物尽其用”和“人的解放”

以规模化、程序化为特点，以培养具备一定基础知识技能和严格服从精神的标准化人才为目标的工业化时代的教育模式将趋于终结。人工智能时代，创新能力和人文素养成为创新型人才培养的优先方向。一是人工智能时代更强调素质教育。素质教育通过对学生内在素质的培养以提高其自强意识和创新能力。[①] 人工智能的发展使许多基础知识的传授价值缩水，传统教育死记硬背、大量做题的知识记忆学习方式已无必要。未来的创新型人才，必须将学习的重点向想象力、创造力等“机无我有”能力培养方面转型升级。二是人工智能时代更加重视工具的充分运用。人工智能有助于把人们从传统海量冗余信息的梳理加工中解放出来。通过精细地依据对象的表征、隐匿、动态、静态、观念、行为等，快速捕捉要点、提出解决方案，加之其可24小时不间断地工作，人工智能将为高质量人才提供高效的信息整理加工工具。未来复杂局面的解题路径不在于工具本身，而在于工具的创造和使用能力。工具潜能的充分挖掘使人类身心的进一步解放成为可能。

6.3 就业促进新机遇与就业结构新冲击

6.3.1 就业促进潜力

GPT类人工智能对就业市场所产生的是双重变革，首要的是巨大就业促进潜力。GPT类人工智能能大幅提升人类劳动生产率。历代科技革命均

① 宋海龙，任仕坤．从教育要素的视角看人工智能对教育的冲击［J］．理论界，2019（8）：96-102.

革新了生产制造方式，如第一次科技革命促进了工场手工业向工厂制生产方式的演化，第二次科技革命催生了大规模流水线的诞生，而新的科技革命正在打造智能驱动、数实融合的全新生产方式。作为人类的“数字助理”“数字代理”高效协助人类进行工作，并使人类从大量模板化、机械性的脑力工作中解放出来。传统劳动下，员工聚集在固定场所，需要与工友、团队共同完成工作。人工智能加持下的“人机协同”生产制造模式不仅能够大大提升生产效率，而且能将劳动者从高度重复烦琐或高危有害的工作中“解放”出来。例如，在四川某一平均海拔 4000 米的高原小县，由于地质复杂且寒冷缺氧，铁路施工一直面临着用工难、施工难、建造效率低的困境。而在引入智能挖掘机后，挖掘机师傅无须亲临工地，仅需在远程客户端上就能完成“点哪挖哪”，实现一键倒土、一键刷坡、一键装车等操作，让工作更加安全、更高效。以装车为例，挖掘机装一勺土大约需要 15 秒，但操作员点击一下只需 1 秒，这意味着一名操作员可以同时控制十几台挖掘机，这种“一人多机”的智能化作业模式突破了传统生产效率的上限。

从另一个角度来看，人工智能技术使人与生产资料的结合更加充分。“各种经济时代的区别，不在于生产什么，而在于怎样生产，用什么劳动资料生产。”劳动资料的创造和使用，是人类劳动过程的特征。相比于传统的生产资料（农业经济时代的石木工具、金属工具，工业经济的蒸汽机、内燃机），智能化的生产资料具有更突出的非排他性与非竞争性、边际成本递减与规模报酬递增等特征，故而能够广泛地适应于更多领域、赋能于更多人群，让人与生产资料的结合更加充分。首先，同一智能化应用可以同时为多个主体使用，并不会像物理生产工具（如斧头等手工工具、内燃机等机械工具）一样，同时只能由一个人使用，如广大开发者可在人工智能大模型的基础上，开发适应于各种不同领域的不同应用，广大用户可同时享受人工智能并发服务，这意味着一个基础模型可以支撑 N 个智能应用。其次，同一个人工智能生产工具可以反复使用。传统生产工具，往往有越用越被消耗、越用越贬值的性质，但人工智能生产工具并不会出现贬值，而是可以不断重复使用，适用于各种不同的用途。相反，随着人工智能的用户量增多，能够提供更多的训练参数和训练样本，人工智能也会被“训练”得更加智能，创造出更大的价值。最后，智能化生产工具改变了传统生产工具需要实际拥有才能使用的特性（如对于某台机器设备，即使是租用而非购买形式，也必须得掌握它、控制它），从而实现“使用权”与“所有权”的分离（人们无须拥有一个人工智能，也能使用它的能力），“实体”与“功能”的分离（如数据中心机柜不能共享，但计算能力可以共享），来实现更广范围的共享。

6.3.2 就业冲击风险

ChatGPT 等应用的出现使人工智能对人类的就业替代从体力领域延伸至脑力领域，一些认知经验类、重复替代类的工作（如编辑、文案、翻译等）将受到冲击。随着以 GPT-4 为代表的新一代人工智能的发展，我们将进入 NUI 自然用户界面（Natural User Interface）的交互时代，未来可能无须掌握各类软件的复杂使用方法，只需用人类自然语言将需求告知于人工智能，便可获取各种各样的服务。这意味着如今搜索引擎、办公软件、设计工具、生活服务平台等各类服务应用的逻辑都将发生重构，如能够一键让 Word 变成 PPT，无须记忆 Excel 函数公式也能轻松进行数据分析；计算机、手机、智能家居、智能汽车等智能产品的使用也将更加便捷，人们只需下达指令，即可随心而动地操控各类设备。但这明显会对现有就业结构和大量中、低端就业人群产生冲击。从我国劳动力结构来看，国家统计局数据显示，2020 年我国初中及以下受教育程度人员占比近 60%，大专及以上受教育程度人员占比仅略超 20%，人工智能所引发的结构性失业风险亟待被高度重视与前瞻布局。

6.4 养老服务新增量与应对疾患新妙招

人工智能因其卓越的认知、交互、创造等能力，越来越能够作为拟人化的服务主体而存在，从而超越传统服务中以供给为中心的标准化特征，推动实现以用户为中心的个性化服务体验重塑，其服务更加高效，能7×24小时全程无休与大规模用户进行实时交互，服务质量可靠，并能够创造“私人订制”式的用户体验，这让每个人都可能拥有自己的“个人医生”“私人教师”“专属陪护”等，满足个性化、精准化的需求。这种“通达人性”的主动性，助力从“人找服务”升级为“服务找人”，特别适合应对我国老龄化社会潜在挑战。

6.4.1 人工智能有助于满足养老服务特色化需求

据国家卫生健康委员会测算，2035年左右我国60岁及以上老年人口预计将突破4亿人，占总人口的比例将超过30%，进入重度老龄化阶段。人工智能有助于缓解“人口红利”快速消退对我国经济高质量发展基础形成的冲击。GPT类人工智能可能创新满足养老服务特色化需求，催生和助推无人配送、智能教育、智能养老和陪护养老、智慧康养、智慧社区等业态创新。据国家统计局数据，我国目前仅养老护理员缺口就高达近170万人，人工智能补短板的潜在需求强、市场空间大。

6.4.2 人工智能技术可能为重病诊疗的快速迭代创新提供新思路

加拿大多伦多大学的研究人员与Insilico Medicine合作，利用名为Pharma的人工智能（AI）药物发现平台在30天内就通过以往未知的治疗途径开发出肝细胞癌（HCC）的潜在靶向治疗药物。同时该系统还可以预测生存率，其宣称模型准确率为80%。以蛋白质结构预测为例，传统方法是利用X线晶体学和冷冻电子显微镜来确定蛋白质结构，耗时且昂贵。而谷歌旗下人工智能公司 Deep Mind 创建的人工智能 AlphaFold，能够预测100万种物种的2亿多种蛋白质的结构，几乎覆盖了地球上所有的蛋白质，这一突破将大大加速新药开发流程。[①] ChatGPT 通用智能以自然语言处理能力著称，未来完全可以在疾患“画像”、病情评估、创新药研发、生存预测等方面发挥妙用，为我国老年人提升生存质量、降低社会综合成本带来福音。

6.5 政府治理新模式与智能治理新问题

6.5.1 人工智能将引领现代化治理能力加速建设

基于人工智能的政府治理能力将不断提升。一是将大幅改善政民互动体验，GPT类人工智能将会促进政府响应更快捷、服务更高效，有效改善传统模式下群众办事无门、沟通无路、咨询无人等问题。二是将提升政府决策科学化水平，GPT类人工智能以大数据为基础的综合研判，将有效辅助管理者进行决策。三是将促进政府运行降本增效，其强大的信息搜索和加工合成能力能够胜任政府文书准备等各项工作，推动公职人员工作更高效、政府机构更精简、组织更扁平。

6.5.2 面向人工智能的治理体系亟待加速完善

GPT类人工智能产品的出现标志着新兴科技进入新的发展阶段，构建符合我国国家治理现代化需要的人工智能治理体系势在必行。GPT类人工智能对社会产生的一系列风险，包括算法偏见、内容错误，一是其输出信

---

① Callaway E. ‘The Entire Protein Universe’: AI Predicts Shape of Nearly Every Known Protein [J]. Nature, 2022, 608 (7921): 15-16.

息可能内含偏见或存在错误，对人类认知决策形成重要误导，尤其是对于直接涉及人民利益与公共安全的领域存在更高风险。二是可能被滥用于网络诈骗、传播谣言、操纵舆论等违法犯罪活动，甚至是用于大国之间的“信息战”。三是存在个人隐私泄露、数据安全、侵犯知识产权等隐患。释放技术潜力与防范技术风险的双重要求“倒逼”治理体系的加速完善。

6.6 人工智能大模型典型应用场景

在信息检索领域，大模型可以从用户的问句中提取出真正的查询意图，检索出更符合用户意图的结果，还可以改写查询语句从而检索到更为相关的结果；在新闻媒体领域，大模型可以根据数据生成标题、摘要、正文等，实现自动化新闻撰写。此外，大模型还可以应用于智慧城市、生物科技、智慧办公、影视制作、智能教育等领域。大模型仍在快速迭代更新中，有着巨大的潜力赋能更多行业，提升整个社会的运行效率。

6.6.1 信息传媒

6.6.1.1 信息检索

传统的信息检索技术基于用户给定的关键词进行匹配，主要包括五个步骤：一是收集信息，主要通过互联网、数据库、文档等途径收集；二是文本预处理，对收集到的文本进行预处理，包括分词、去停用词、词形还原等操作，以便后续文档的检索和分析；三是建立索引，将预处理后的文本建立索引，通常采用倒排索引的方式，即将每个词语出现的文档记录在一个倒排列表中，以便于后续的检索；四是检索匹配，根据用户输入的查询词语，在索引中查找包含这些词语的文档，并根据相关性进行排序；五是结果展示，将检索到的文档按照相关性排序后展示给用户，通常是以列表或摘要的形式展示。传统的信息检索技术主要面向静态文本数据，无法处理语义理解和上下文信息，因此在处理复杂场景和需要深入理解意图的场景下存在局限性。

随着 ChatGPT 等大型语言模型（LLMs）的不断发展，很多研究者开始利用人工智能工具来提升信息检索效率。随着人工智能对信息检索的颠覆，出现了一种混合模型，该模型限制了对特定内容的响应范围，同时使用人工智能作为理解查询和内容的“大脑”。业界对此有个名称——检索增强生成（RAG）。这种创新就像一个数字“巫师”，融合了图书馆管理员和作家的技能。它有望改变我们查找和解释信息的方式，并有望在未来比以往任何时候都更容易、更有洞察力地获取知识。RAG 将大型语言模型的强大功能与信息检索系统的精确性相结合。RAG 模型是在大量文本和代码数据集上进行训练的，它不仅可以利用现有的通用 LLM 模型，如 Google BERT、Google Bard 或 ChatGPT 等。还可以访问外部知识库，这使他们能够生成更准确、信息更丰富的响应。

6.6.1.2 新闻媒体

人工智能运用于新闻界，已有多年历史。2014 年，美联社开始使用人工智能程序处理有关企业收益的报道，采用人工智能平台 Automated Insights 的 Wordsmith，可以在几秒内将投资研究的收益数据转换为可发布的新闻报道，效率是手动工作的近 15 倍，2016 年美联社与 Automated Insights 合作，将其人工智能生成的内容扩展到体育报道。[①] 同时期使用人工智能的媒体还包括彭博社、路透社、福布斯、《纽约时报》、《华盛顿邮报》、英国广播公司等大型媒体。这些大型媒体的人工智能应用主要是将机器学习运用于采集、制作和分发新闻等各个流程。

2018 年以来，大型语言模型和基础模型得到突破性进展，不仅使机器能够学习上下文、推断意图和独立创造，而且还可以针对各种不同的任务

---

① 陈昌凤．生成式人工智能与新闻传播：实务赋能、理念挑战与角色重塑［J］．新闻界，2023（6）：4-12.

快速进行微调。例如，中国科学院自动化研究所基于自主研发的音视频理解大模型“闻海”和三模态预训练模型“紫东太初”联合新华社媒体大数据和业务场景，在 2021 年 12 月推出了“全媒体多模态大模型”。该项目通过构建大数据与大模型驱动的多任务统一学习体系，实现了对全媒体数据的统一建模和理解生成。该模型兼具语音、图像、文本等跨模态理解和生成能力。项目将加速 AI 技术在视频配音、语音播报、标题生成、海报设计等多元体业务场景中的应用。①

6.6.1.3　影视创作

人类历史上，影视一直是广受欢迎的艺术形式之一。随着科技不断发展，人工智能大模型正在制作效率、视频内容分析、降低生产成本和艺术创新等方面改变影视创作传统模式。在制作效率方面，人工智能大模型可以完成自动编写剧本、自动化剪辑、一键调色、一键出图等任务，有助于降低前期重复、烦琐、枯燥的工作程序，从而直接提升工作效率。例如，通过“Midjourney”工具，仅需等待一分钟，就可以由文字内容直接生成富有创意的图像。在视频内容分析方面，人工智能大模型可以进行情感分析、场景检测、物品识别等，从而更好地了解观众对不同类型视频的喜好与需求，从而创作出定制“爆款”。在降低生产成本方面，随着人工智能技术的加入，部分影片可以直接使用 AI 形成虚拟人物代替真人演员，从而节省演员、化妆师、服装师等众多人力成本。在艺术创新方面，人工智能大模型技术为内容制作和影视创作带来了新的变革。大模型可以应用于剧本创作、角色设计和音乐配乐，为影视制作带来更多元化和个性化的创意。此外，大模型还能实现内容标签化和智能推荐，全方位提升观众的观影体验。

6.6.1.4　辅助设计

人工智能大模型可以根据给定的数据或条件，自动生成新的内容或样

---

① 李诏宇．多模态人工智能正大步走向场景应用新阶段［N］．科技日报，2022-10-10（006）．

本。大语言模型的出现，让没有设计经验的人通过自然语言描述，几句话就能生成想要的装修图，不再需要学习和使用复杂的从平面到 3D 各类设计软件，极大地提升了装饰装修图的出图效率。在室内装修设计领域，人工智能大模型可以帮助设计师和用户实现更高效、更智能、更个性化的设计方案和体验。例如，加拿大短期租赁物业公司已在其家具和装饰订购平台中发布了生成式 AI 室内设计师平台 Ludwig，该平台可以解析数百万件物品，设计师可在几秒钟内设计整个房间或单元。Collov 推出了人工智能大模型驱动的设计工具 CollovGPT 0.2，用户能够尝试各种设计风格和一站式家具购买解决方案。Planner 5D 也推出了一个基于 Stable Diffusion 的设计工具 Design Generator，只需上传图片就能快速生成定制的室内设计渲染图。①

美图公司发布 AI 视觉大模型 Miracle Vision。Miracle Vision 是美图首款自研视觉大模型，涵盖了美学趋势研究、美学评估系统、美学创作者生态三个落地场景。该模型采用了更高容量的扩散模型，从绘图、设计、影视、摄影、游戏、3D、动漫等视觉创作场景反推技术演化。此外，该模型还支持少样本学习，客户通过微调就能实现插件制作，以及图像、视频、3D 等多模态内容的生成。②

6.6.2 数字经济

6.6.2.1 智慧工厂

服饰行业中，阿里巴巴开发的多模态大模型 M6 已成功应用于犀牛新制造，实现了如文本到图像生成等多种应用案例。传统服装设计过程中，设计师需要花费很长的时间设计衣服并进行线上样款测试，但基于文本到

---

① 澎湃新闻．告别各种设计软件一句话生成效果图，生成式 AI 正在颠覆装饰装修领域［EB/OL］．［2024-1-20］. https：//www. thepaper. cn/newsDetail_forward_23433973.

② 元宇宙与碳中和研究院．美图 Miracle Vision，懂美的大模型［EB/OL］．［2024-1-20］. https：//new. qq. com/rain/a/20230621A080QZ00.

图像生成技术，可以直接输入流行的服装款式描述到 M6 模型中生成相应款式图片。这项技术将原本冗长的设计流程压缩了超过十倍的时间，目前已经商业投产，并且与三十多家服装商家在“双十一”期间成功地进行了合作。

汽车设计制造领域，人工智能大模型也带来了新的研究思路与突破路径。汽车人工智能场景生成工具为产品呈现提供针对性的创意能力和具象化能力，只需选择风格偏好，系统就会根据 3D 车型的实时状态，自动生成出适配的各种酷炫的展示场景渲染图。例如，本田汽车设计师已采用由初创公司 Stability AI 开发的图像生成人工智能工具 Stable Diffusion 设计汽车。此外，本田和索尼的合资企业索尼本田移动计划使用大模型语言模型（LLM）为其新品牌 EV Afeela 开发自动驾驶系统和高级驾驶辅助系统。

6.6.2.2 智能机器人

2022 年 12 月 13 日，Google 发布 Robotic Transformer-1，框架十分简洁，将图像与文本指令抽取特征，再放入 Transformer 直接训练，对 EverydayRobots 公司机器人的机械臂状态和移动底盘状态直接进行学习。

2023 年 1 月 24 日，Microsoft 发布了 Control Transformer，将大模型常用的自监督训练方式以及预训练—微调的训练部署方式延续到了控制任务上。预训练阶段，通过两个短期特征指标（预测下一时刻的观测/正运动学，预测上一时刻的动作/逆运动学）以及一个长期指标（随机遮盖一些观测—动作序列，进行预测）来学习观测—动作的特征。

6.6.2.3 智慧能源

人工智能可应对全球能源转型复杂性、提高系统效率、降低成本、加速能源行业转型升级。具体来说，人工智能能够在可再生能源发电能力和需求预测、电网运行和优化、能源需求管理以及材料发现和创新等领域发挥重要作用。

百度基于文心一言大模型打造电网智能分析与智能应用平台。面向复杂电网专业场景智能化需求，基于通用文心大模型，引入电力业务积累的样本数据和特有知识，并且在训练中设置电力领域实体判别、电力领域文档判别等算法作为预训练任务，让文心模型深入学习到了电力专业知识，在国网场景任务应用效果提升。① 基于文心大模型联合训练电力行业 NLP 大模型，已在电网设备、ICT 客服实际业务场景进行试点验证。

南方电网发布自主可控电力大模型，可为行业提供电力系统的思维链能力，通过与业务系统打通，已具备意图识别、多轮对话、总结提炼、巡检报告自动生成、可视化数据服务等能力，可服务于普通电力用户、专业电力市场用户、电力行业员工，服务场景覆盖客户服务领域、输配电领域、电力调度领域。

6.6.2.4 电子商务

人工智能结合电子商务能理解用户需求、生成潜在客户、提高用户体验。各大电商企业投入大量资金探索如何利用人工智能提升品牌竞争力和客户忠诚度。

阿里巴巴推出了天猫精灵和阿里助手，其客户服务聊天机器人处理了包括语音及文字的咨询业务，占比多达 95%。此外，阿里巴巴使用人工智能绘制最有效的物流路线，智能物流的推广使车辆使用量减少了 10%，行驶距离减少了 30%。②

2023 年 10 月，沃尔玛宣布将在电商平台试用三款大模型产品——购物助手、搜索助手和评论助手，帮助用户改善购物体验提升效率。沃尔玛使用了一种类 ChatGPT 的产品，可根据文本提示自动生成购物建议、搜索建议和评论摘要等。③

---

① 邵文 . AI 落地关键是解决技术与应用场景间鸿沟［J］. 服务外包，2022（8）：46-48.

② 阿里云云栖号 . 聚焦：人工智能与电子商务［EB/OL］.［2024-1-20］. https：//zhuanlan.zhihu. com/p/42287123.

③ AIGC 开放社区 . ChatGPT 当导购员！全球最大超市，全面应用生成式 AI［EB/OL］.［2024-1-20］. https：//finance. sina. com. cn/blockchain/roll/2023-10-16/doc-imzrhmam7671885.shtml.

法国连锁超市家乐福在2023年6月发布了一款基于OpenAI的ChatGPT技术的聊天机器人Hopla，旨在帮助顾客更好地进行购物。例如，Hopla可以根据顾客冰箱里的食物提供食谱建议，或者可以根据顾客的预算、食物限制、饮食要求或菜谱对顾客的购物清单进行建议，以避免食物浪费。[①]

日本著名饮料品牌商伊藤园（Itoen）发布了全新版的“Oi Ocha Catechin Ryokucha”绿茶，其包装设计是基于大模型技术创新的：通过图像和关键词等数据生成初稿设计，再由专业人士进行细化，而其在绿茶饮料广告中也首次尝试使用AI生成的女主角。[②]

日本最大便利店运营商7-Eleven宣布从2024年春季开始，将开始采用生成式人工智能技术以缩短产品创新流程、提高产品规划效率[③]。7-Eleven将利用AI技术根据门店销售数据和社交媒体上的消费者反馈，生成新产品的文本、图像描述和提案等广告素材，使产品设计与客户需求保持一致，减少产品规划时间。

6.6.3 智慧城市

6.6.3.1 城市治理

在智慧城市方面，阿里巴巴的多模态大模型M6已经被应用于Talk2Car任务中。具体地，用户通过给出一个指令，如“在前方那个绿车前面停下来”，就可以定位指令中所指的车辆。2023年7月7日，城市大模型CityGPT正式发布，旨在提升智能城市的治理能力，赋能城市经济、产业、商业、文旅、金融等领域，打造真正的城市级大脑。具体地，在认知人工智能领域首次开启了空间场景智能决策以及“元宇宙城市”可交互

---

① 站长之家．法国零售商家乐福推出基于OpenAI的ChatGPT聊天机器人［EB/OL］．［2024-1-20］. https：//www. techweb. com. cn/it/2023-06-09/2928457. shtml.

② 世展园．展会倒计时｜日本品牌商如何通过AI包装助力销量飙升？Swop现场带你揭秘背后故事！［EB/OL］．［2024-1-20］. https：//www. shifair. com/informationDetails/213659. html.

③ IT之家．711便利店宣布明年起在日本市场大规模引入AI：用于分析数据　策划新品［EB/OL］．［2024-1-20］. https：//www. techweb. com. cn/internet/2023-11-27/2937394. shtml.

体验价值链，能够实现对城市—园区—商圈—社区—网点级别的智能计算与研判，为线上线下数实融合的智能决策和场景交互提供具有 AI 自学习能力的“空间 AI 专家顾问”服务。

6.6.3.2 工程管理

人工智能在工程管理活动中可以有效监测，确定风险因素，实现项目安全管理的目标。在捕捉特殊项目情况方面，人工智能也能发挥有效作用。

中铁建设集团有限公司联合中国科学院自动化研究所基于“紫东太初”多模态大模型和跨模态通用人工智能平台，联合研发建筑工程全闭环智能应用系统，形成项目地图索引、实时事情通话、风险快速传达、问题整改、自动回复等功能，赋能工程方案设计、技术文件审核等多个阶段全闭环场景，大大提升建筑行业智能化水平。①

上海建工四建集团自主研发建筑行业首个百亿字符知识增强对话大模型 Construction-GPT（Beta 版）。Construction-GPT 包含规范标准智能问答与查新、工程图集详图智能搜索、内控技术文件智能查询、私有知识库智能构建四项主要功能，实现了 5000 多本规范标准、1000 多份工程图集、150 多份企业内部技术文件的智能解析。借助该模型，技术人员通过对话问答方式，只需 5~10 秒就能够检索到需要的工程技术资料，即使身处工地现场，也有“行业专家”随行，显著提高工作效率。②

6.6.3.3 智慧政务

随着互联网和大数据的蓬勃兴起，领导决策面临的主客观环境日趋复杂，碎片化、去中心、无结构日渐成为真实世界的新特征，加之经验式、随意性、非定量等传统决策模式根深蒂固，唯有借力人工智能等新技术倡

---

① 新华网．北京市首批 10 个人工智能行业大模型应用案例发布［EB/OL］．［2024-1-20］．http：//www. news. cn/tech/20230627/9e5dcb42cdd64ebaa84bba9dad936871/c. html.

② 人民日报客户端．上海建工四建集团发布行业首个百亿字符知识增强“ChatGPT”［EB/OL］．［2024-1-20］．https：//www. scg. com. cn/scg_mtbd/2023-10-31/Detail_233856. htm.

导思想观念和技术方法创新方可适应新时代科学决策的新需求。

北京市计算中心为更好地支撑新时代政协提案工作新要求，为政协开发大模型相关的政协提案应用，推出政务参政议政建言大语言分析模型智能问答助手。智能问答助手可实现基于法律法规、相关制度等文本数据的基本问答功能，并能对不同来源的文件（如《政府工作报告》、政策法规等）进行分析、总结、归纳出大意并给出依据来源（数据溯源）。并且，智能问答助手可以通过大模型实现某一主题提案与参照文本（如同一主题舆情）语义层面相似度分析，得出提案与社情民意“同频共振”的程度。①

深圳福田区已率先开展政务大模型的应用，依托大模型建设辅助办文、智能校对、自动生成摘要、辅助批示、智慧督办等应用，助力政务数字化转型；在城市数字化领域，利用视觉（CV）大模型提供城市事件智能发现能力，全面覆盖城市治理自动化事件上报场景，精准识别事件并智能上报、自动工单分派。据统计，改革实施以来，福田区累计办理群众诉求 55.58 万余件、按时办结率达 98.82%，总体满意率达 99.4%。②

在龙华区政务服务数据管理局的指导下，深圳市龙华数据有限公司追赶人工智能“风口”，率先在全市开发首个面向行业垂直领域的 AI 产品——“龙知政”政务 GPT 大模型，将面向政务业务咨询问答、智能办公、招商引资精准选商、经济调度数字助手、交通服务和调度指挥、教育学习辅导、消防安全防控巡查等场景，激活传统业务系统效能，赋能数字龙华建设。③

白云区城管局与华为云合作探索华为云盘古政务大模型在城市治理领

① 北京市科学技术研究院．计算中心“政务参政议政建言大语言分析模型”成功入选北京市人工智能行业大模型创新应用典型案例［EB/OL］．［2024-1-20］. https：//www. bjast. ac. cn/Html/Article/20231201/54953. html.

② 光明日报．政务大模型助力深圳市福田区政务数字化［EB/OL］．［2024-1-20］. https：//tech. chinadaily. com. cn/a/202310/20/WS653229bda310d5acd876afc4. html.

③ 龙华区．龙华构建深圳首个政务垂直领域 GPT 大模型［EB/OL］．［2024-1-20］. http：//www. szlhq. gov. cn/ydmh/xxgk/qzfxxgk/xwzx/gzdt/content/mpost_10882134. html.

域的创新应用，并成立政务大模型实验室，对占道经营、垃圾堆积、城中村治理等城市治理典型场景展开探索。政务大模型将助力白云智慧城管系统提升图片、文本等数据的分析精度及速度，实现城市管理事件自动立案、自动审核预结案，加速白云区建设告警推送、互联互通、快速反应的城市运行管理中心，全面赋能城市应用智能升级。①

厦门市人力资源和社会保障局紧跟科技前沿，实现智能技术与 12333 深度融合。在增加遇忙回拨、在线咨询留言回复、12333 线上“小智机器人”、远程居家办公电话咨询等服务的基础上，自 2021 年起，12333 热线迭代更新 AI 技术应用，打造“智慧人社”咨询服务新模式。2023 年 5 月，部署大语言智能化模型。在咨询量增加人工坐席没增加的情况下，通过智能化建设大幅度扩容 12333 服务能力，提升 12333 服务感受。“AI 坐席”运行以来，12333 热线接通率从 78.33%提高到 99.20%，用户平均等待时长从 49.92 秒缩减至 2.12 秒。②

腾讯云与福建大模型集团联合研发基于大语言模型的智慧政务平台——“福建智力中心”。以腾讯云智能 AI 算力调度平台、大语言模型算力及技术能力为基础，共建“福建智力中心”项目，并打造互动式政务大模型应用“小闽助手”，为广大福建市民提供零距离、高质量、7×24 小时管家式政务的办事体验。③

6.6.3.4 智慧办公

微软推出的新一代办公软件 Copilot，集成 GPT-4 功能，将大模型应用于办公场景，实现智能化协助用户提高工作效率。微软以聊天机器人的模

---

① 人民网．政企联创合作！广州白云区城管局与华为云合作签约盘古政务大模型广州实验室［EB/OL］．［2024-1-20］．http：//gd. people. com. cn/n2/2023/0628/c123932-40473761. html.

② 中国劳动保障报．“AI 坐席”赋能“智慧人社”——福建厦门打造智能化 12333 人社咨询热线［EB/OL］．［2024-1-20］．https：//hrss. xm. gov. cn/xxgk/mtbd/202402/t20240201_2813355. htm.

③ 海峡网．腾讯云与福建大数据集团签署战略合作协议，共建“福建智力中心”［EB/OL］．［2024-1-20］．http：//www. hxnews. com/news/fj/fj/202304/26/2115198. shtml.

式集成在 Word、Excel、PowerPoint 等多个程序中，用户可通过简短指令，自动生成文字、表格、演示文稿等内容。在文字处理软件 Word 中，Copilot 可以协助用户撰写各类文档，实现文档创作、编辑和总结等功能，用户只需用自然语言提出需求，Copilot 即可以快速生成或修改文档内容。在演示文稿软件 PowerPoint 中，Copilot 可以根据用户的要求，自动生成演示文稿幻灯片。在电子表格软件 Excel 中，Copilot 可以完成数据统计分析，并将结果以图表的形式清晰可视化呈现。

6.6.4 生活服务

6.6.4.1 智能教育

随着人工智能技术的发展，越来越多的人工智能工具被应用于教育领域，成为教师教学和学生学习的得力助手。

2023 年，国内教育科技公司积极布局教育领域大模型，推出多项创新应用，以智能化手段提升教与学效果。2023 年 7 月，网易有道发布面向 K12 教育的大模型“子曰”，实现个性化分析指导、引导式学习等功能，大模型能够较好地因材施教，为学生提供全方位知识支持。同年 8 月，好未来发布数学领域大模型 MathGPT，可自动出题并给出解答，涵盖小学到高中数学知识。教育领域大模型正成为智能辅助教学的新工具，其知识整合能力可满足学生动态需求，实现个性化学习，与教师共同提高教学质量。

国外对人工智能在教育领域的应用也有相关探索。例如，德国汉堡大学使用生成式人工智能技术辅助博士生考试命题。该技术根据考试大纲和题目类型生成新的试题，为教授提供更多的选择。新加坡国立教育学院（National Institute of Education，NIE）使用生成式人工智能技术为教师资格认证考试生成试题，该模型根据考试大纲和题目类型生成新的试题，提高了命题的效率和准确性。印度的一家教育科技企业 PhysicsWallah 宣布引入

Alakh AI 平台，该平台将协助学生进行小组学习，解决学术和非学术问题，提供支持和鼓励，甚至创建个性化的学习计划。

6.6.4.2 智慧医疗

从药物发现到预测疾病，人工智能可能是智慧医疗领域下一个规则的改变者。

2023 年 5 月，医联推出医疗语言模型 MedGPT，实现从预防到康复的全流程智能诊疗，提升实际临床应用价值。同年 7 月，谷歌 DeepMind 研发 Med-PaLM 医疗大模型，其在医学考试和开放式问答上达到专家水平，回答准确率高达 86.5%，大幅超过早期版本。非专业评估者也高度认可其问诊效果。同月，京东健康发布“京医千询”大模型，可以理解医学多模态数据，并根据个性化诊疗需求进行智能决策。医疗大模型正在成为提升临床决策效率和服务水平的重要工具，通过学习处理海量医学知识，可以高效辅助各环节工作，具有广阔的应用前景。

美国佛罗里达大学的学术健康中心 UF Health 与英伟达合作开发了生成合成临床数据的 SynGatorTron 大模型。它基于 2 万多位患者的十年数据进行训练，可合成患者档案，以便研究人员用于训练医疗保健领域的其他 AI 模型。①

北京友谊医院引入云知声科技山海大模型，在内分泌科试点门诊电子病历生成。在医生问诊的过程中，电子病历系统能自动过滤无关对话，医生和患者的口语交流自动转化为标准化的书面语言，并从非结构化自动梳理为结构化的表述方式，形成电子病历文书初稿，随后经医生审核形成正式的电子病历。②

① 动脉网. 微软、谷歌、英伟达领军，生成式 AI 在医疗已有哪些进展？[EB/OL]. [2024-1-20]. https://www.cn-healthcare.com/articlewm/20230605/content-1560762.html.

② 搜狐. 云知声山海大模型助推友谊医院门诊智慧升级，改善就诊体验 [EB/OL]. [2024-1-20]. https://www.sohu.com/a/747001505_121687424.

6.6.4.3 文化旅游

新的文化旅游体验、非凡的演艺文化展现、庞大的数字经济体系与大数据收集应用，人工智能正为旅游行业的发展注入新活力。如今，在文化旅游领域中，从人脸识别入园、快捷支付到智能导航、智能导游，人工智能的影子无处不在。

古籍是中华民族重要的文化遗产。古籍数字化是古籍再生性保护的一大要点。国家图书馆古籍和文献的数字化工作遇到一些阻碍，汉王科技基于此构建了辅助理解古籍文献的大模型解决方案，在实际古籍文献理解标注应用时人员成本下降30%，效率提升50%。其中基于古汉语大模型的图书馆生成式应用大幅提升档案著录标引效率，针对不同的数据类型，效率提升26%~60%，大幅提升数字化建设工作的效率和智能化水平，推动古籍数字化建设加速，为数字人文领域大模型应用场景建设提供了重要参考。①

携程集团发布旅游行业垂直大模型“携程问道”，携程问道具备两大能力：在用户需求尚未确定时，为其提供出行推荐服务；在用户需求相对明确时，提供智能查询结果，“携程问道”不仅可以对用户在旅行前、中、后期的需求做意图了解，还能链接后续的功能响应。携程在智能算法基础上对酒店、景点、行程的常用主题推荐进行人工校验并形成了“携程口碑榜”，同时为帮助用户避开价格高峰，生成“携程热点榜”“携程特价榜”，为旅客提供可靠数据。②

6.6.4.4 智慧金融

随着人工智能与各行各业的快速融合，传统金融机构正在积极进行数

---

① 中国日报中文网．北京发布“行业大模型白皮书”汉王科技古汉语大模型等入选典型案例［EB/OL］．［2024-1-20］．https：//tech. chinadaily. com. cn/a/202312/12/WS65781741a310c2083e4128e8. html.

② 品橙旅游．旅游业迎首个行业大模型　携程蹚出“蝶变”新路径［EB/OL］．［2024-1-20］．https：//new. qq. com/rain/a/20230720A05B0M00.

字化转型。一方面，人工智能与传统金融业务深度融合，为实体金融机构提供了强大的支持。它解决了金融机构面临的供给不足、门槛高、信息不对称、风险评估难等问题。另一方面，人工智能在市场营销、产品设计、风险管控、客户服务等方面的应用，实现了智能营销、智能识别、智能投顾、智能风控和智能客服，提升服务实体经济的效率和能力。

2023 年 6 月，恒生电子发布了多款大模型金融应用，其中金融行业大模型 LightGPT 使用超过 4000 亿字节的金融领域数据进行预训练，支持 80 多项金融专属任务，能准确理解金融业务场景需求。同年 8 月，马上金融发布了国内首个零售金融大模型“天镜”，具有知识汇集、唤醒数据价值等应用场景，可助力零售金融机构实现智能客服、精准营销、风险控制等能力。在模型训练规模不断扩大的背景下，金融行业大模型精度持续提升，已经成为金融机构实现业务智能化的重要途径。

2023 年，彭博社发布了专门为金融领域打造的大型语言模型（LLM）BloombergGPT。该模型整合彭博终端上的大量可用数据，以全方位支持金融领域的自然语言处理（NLP）任务，如情感分析、命名实体识别、新闻分类和问答等。BloombergGPT 模型在金融任务上的表现远超类似规模的开放模型，而在一般 NLP 基准上的表现也达到甚至超过平均水平。彭博首席技术官肖恩·爱德华兹（Shawn Edwards）还表示，“BloombergGPT 将使我们能够处理许多新型的应用，不仅比定制化模型表现得更好，而且开箱即用，能够大大缩短上线时间”。①

全球金融科技龙头企业 Broadridge 的全资子公司 LTX 在官网宣布，推出“BondGPT+”用于分析 20000 多种债券。“BondGPT+”是基于 OpenAI 的 GPT-4 模型，结合自身海量优质金融数据微调而成，支持公司或第三方

---

① 中国新闻网．彭博针对金融业推出大型语言模型 BloombergGPT［EB/OL］．［2024-1-20］．https：//www. chinanews. com. cn/gj/2023/03-31/9982381. shtml.

数据集成、内容生成偏好设置、债券高级搜索、企业健全管理等。①

摩根士丹利是美国首家接入 GPT-4 的金融机构，正在推出一款由 OpenAI 最新技术驱动的聊天机器人，其财富管理部门将使用 GPT-4 "获取、处理和综合内容，以对全球公司、行业、资产类别、资本市场和地区的洞察的形式，吸收摩根士丹利自身广泛的智力资本"，在日常工作中为该行的财务顾问团队提供帮助，优化财富管理咨询流程。②

普华永道与 OpenAI 合作，利用人工智能技术来提高公司的工作效率和客户服务质量。具体而言，该会计师事务所将利用人工智能为税务、法律和人力资源方面的复杂问题提供咨询，例如对公司进行尽职调查、识别合规性问题，甚至建议是否批准商业交易。该 AI 系统现已在英国约 650 名员工中进行测试，预计在未来几个月内将推广到全球超过 1 万名员工。③

新加坡华侨银行是新加坡首家面向全球员工推出 AI 聊天机器人的银行。根据官方声明，新加坡华侨银行在 2023 年 11 月向其全球 30000 名员工提供 AI 聊天机器人，旨在协助员工进行撰写、研究和构思工作。

作为中国领先的互联网保险中介平台，元保基于人工智能（AI）技术为用户精准匹配保险产品，并提供从健康管理、保险咨询、智能核保、便捷投保到协助理赔的一站式保障服务。通过人机协同和智能交互，元保基于对 AI 机器人的深度应用实现了 7×24 小时极速响应。作为 AI 机器人的引擎，元保自主研发的保险知识图谱多达 6600 组，覆盖保险医疗领域常见问题，能够快速准确识别各类医疗、理赔资料，线上理赔资料审核一次性通过率提升至 97%，相较于 2020 年的 91%，实现了更加高效的理赔服务。

---

① AIGC 开放社区．用 ChatGPT 分析 20000 多种债券！LTX 推出"BondGPT+"［EB/OL］.［2024-1-20］. https：//chinadatagroup. com/index. php？ c=show&id=6323.

② 澎湃新闻．首席策略师随时待命！摩根士丹利接入 GPT-4：能干什么，效果如何［EB/OL］.［2024-1-20］. https：//www. thepaper. cn/newsDetail_forward_22311305.

③ 站长之家．普华永道通过 OpenAI 合作率先在审计公司中集成人工智能［EB/OL］.［2024-1-20］. https：//www. chinaz. com/2023/1018/1567707. shtml.

这些都令消费者对互联网健康保险的信任度和好感度大幅提升。[①]

6.6.4.5 法律咨询

人工智能在法律领域的应用主要体现在文书审阅、案件预测、智能咨询等形式。对于法律服务的不同参与主体，人工智能也能发挥针对性作用。例如，英国最大律师事务所之一——麦克法兰在官网宣布，与法律领域生成式 AI 企业 Harvey 达成技术合作，将在法律咨询、法律内容生成/查询，客户服务等领域全面应用生成式 AI。[②]

人工智能应用于当事人主要有法律咨询、律师对接、法务服务等方面。当事人遇到法律问题时，可通过人工智能实现自然语言的识别，以及更清楚的问题理解、分析和回答。目前人工智能大模型可针对婚姻、劳务、民间借贷、知识产权等工作生活中常见的简单纠纷类型，代替律师进行咨询。人工智能的文本处理能力，也可协助合同起草和审核、法律风险监控等任务。

人工智能应用于律师与律所主要有信息查找与文书处理、案件预测、智能客服等方面。通过人工智能对法律条文、判决书等进行结构化处理，使律师可以根据自然语言或案件关键信息，搜索出相关法律条文、过往相关案例判决书等用于律师参考的材料。在信息检索的基础上，基于人工智能技术，可以提供相关案例分析、胜诉率分析，关联企业分析、数据可视化、案件判决结果预测等功能。国内理脉智能、法狗狗都曾经推出过相关产品服务，国外则有 Lex Machina、CaseCrunch 等公司从事相关服务。据 CaseCrunch 称，其 AI 在判决预测方面，以 86.6%的成功率打败了人类律师 62.3%的成功率。[③]

---

① 咸宁新闻网．元保 AI 应用能力达到新高度，智能理赔全流程 AI 嵌入［EB/OL］．［2024-1-20］. https：//china. qianlong. com/2023/1110/8143722. shtml.

② AI 新智界．英国头部律师事务所麦克法兰应用生成式 AI［EB/OL］．［2024-1-20］. https：//www. sohu. com/a/722817220_104036.

③ 华宇元典法律智能．人工智能在法律服务领域应用盘点［EB/OL］．［2024-1-20］. https：//zhuanlan. zhihu. com/p/35680452.

6.6.5　科学研究

6.6.5.1　生物科技

DeepMind 联合谷歌旗下生物科技公司 Calico，开发了一种结合 DNA 远端交互进行基因表达和染色质状态预测的神经网络架构 Enformer，能够一次编码超过 20 万个碱基对，大幅提高了根据 DNA 序列预测基因表达的准确性。为进一步研究疾病中的基因调控和致病因素，研究人员还公开了他们的模型及对常见遗传变异的初步预测。

美国哈佛医学院和英国牛津大学的研究人员合作开发出一款可准确预测致病基因突变的 AI 模型“EVE”，已预测出 3200 多个疾病相关基因中的 3600 万个致病突变，且对 26.6 万个至今意义不明的基因突变是“致病”还是“良性”做出归类。未来，该 AI 模型可帮助遗传学家和医生更精确地制定诊断、预后和治疗方案。

AlphaFold2 通过深度学习和人工神经网络等技术，预测蛋白质的三维结构。在此之前，预测蛋白质结构是一项非常耗时、困难且复杂的任务，需要耗费许多时间和大量的实验数据。AlphaFold2 使人们可以在数分钟内预测蛋白质的结构。

6.6.5.2　地理空间

在地理空间领域，IBM 日前宣布联合 NASA，在开源 AI 平台 Hugging Face 上，使用 IBM 的 watsonx. ai 结合 NASA 的卫星数据，构建开源地理空间 AI 基础模型。官方表示，该模型将成为 Hugging Face 上规模最大的地理空间基础模型，也是与 NASA 合作建立的首个开源 AI 基础模型。这个模型是由 IBM 和 NASA 共同在 1 年时间内使用 Harmonized Landsat Sentinel-2 卫星数据进行联合训练所得而成，研究人员正在持续优化该模型，截至 2023

年8月，该模型的效率已经比最初发布时高了15%。①

6.6.5.3 气象预测

在气象方面，大模型也取得了突破。2023年7月6日，国际顶级学术期刊《自然》（*Nature*）杂志正刊发表了华为云盘古大模型研发团队研究成果。华为云盘古大模型使用了39年的全球再分析天气数据进行训练，其预测准确率与全球最佳数值天气预报系统IFS相当。与IFS相比，盘古气象在相同的空间分辨率下速度提升了10000倍以上，同时保持了极高的精准度。

此外，大模型的应用还包括但不限于如下场景：智能创意，在游戏、广告、美术和影视等创意设计内容的领域，大模型可帮助实现角色立绘、特效设计、动画分镜等，较大提升创意设计的工作效率，降低制作成本。自动驾驶，通过融合视觉、雷达、红外等多模态传感器数据，实现对道路、车辆和行人的全方位感知和理解，推动自动驾驶技术的发展。智能辅助设备，通过语音、图像等多模态数据，为智能助理、智能家居等设备提供更自然智能的人机交互方式，以提升用户体验。

① IT之家.IBM与NASA合作共同开源地理空间AI基础模型，助力气候科学领域发展[EB/OL]. [2024-1-20]. https://www.ithome.com/0/710/234.htm.

7 人工智能大模型的治理探究

7.1 全球人工智能治理体系发展现状

7.1.1 国际人工智能大模型安全治理政策法规

为确保大模型安全和负责任地使用，各国的监管机构都在积极探讨并制定相应的安全标准和准则，为开发者和企业提供清晰的大模型应用和治理方向。2021年11月，联合国教科文组织正式发布的《人工智能伦理问题建议书》指出，“作为以国际法为依据、采用全球方法制定且注重人的尊严和人权以及性别平等、社会和经济正义与发展、身心健康、多样性、互联性、包容性、环境和生态系统保护的准则性文书，可以引导人工智能技术向着负责任的方向发展”。

人工智能技术的快速迭代带来安全风险治理难度的增加，各国目前呈现出政策法规先行、监管趋严等特征。以Open AI开发的ChatGPT这一具体产品为例，2023年3月31日意大利数据保护局以违反《通用数据保护条例》(General Data Protection Regulation，GDPR）为由暂时禁用ChatGPT,①并在此后提出了一系列整改要求。随后陆续有德国、法国、欧盟等发布数据监管措施。从立法层面而言，中、美、欧三国（地区）作为人工智能发展的领军国（地区）也均在积极进行探索。

① 澎湃新闻．意大利宣布禁用ChatGPT，限制OpenAI处理本国用户信息［EB/OL］.［2024-1-20］. https：//www. thepaper. cn/newsDetail_forward_22539065.

7.1.1.1　欧洲

欧洲已有专门立法对人工智能进行强制监管。2021 年 4 月，欧盟委员会提出了《人工智能法案》提案，2023 年 6 月 14 日，法案在欧洲议会通过，旨在为人工智能引入统一的监管和法律框架，并涵盖了除军事用途外的所有人工智能类型。该法案根据人工智能应用可能造成伤害的风险，对其进行分类和监管，以增强各成员国之间的合作，确保 AI 技术的健康、安全和公平发展。2024 年 3 月，欧盟《人工智能法案》在欧洲议会表决通过。该法案成为全世界第一部综合性人工智能治理立法，被各国监管机构广泛参考。从内容来看，该法案通过将 AI 应用分为不同风险级别，分级实施不同程度的限制措施（见表 7-1）。值得注意的是，与 GDPR 类似，该法案具有域外效力，其第二条规定“法案适用于在欧盟市场上投放人工智能系统或将其应用于服务的供应商，无论供应商在欧盟或第三方国家设立”，随着未来法案的通过可能将进一步推动全球的 AI 监管和治理。

表 7-1　《欧盟人工智能法案》风险级别及监管措施

风险级别	包括的情形	监管措施
低风险	人工智能系统的风险极低	可直接在欧盟地区进行开发和使用，而不需要承担任何法律义务。但鼓励低风险系统的供应商自觉遵循高风险系统所应遵守的义务
有限风险	如聊天机器人、情感识别系统、生物识别分类系统等风险有限的人工智能系统	一般只要求符合透明度义务，即应当明确告知系统使用者，其使用的系统的设计和开发或是生成的内容等，都是运用人工智能技术

续表

风险级别	包括的情形	监管措施
高风险	一类是用于产品的安全组件或属于欧盟健康和安全统一立法管辖的范围（如玩具、航空、汽车、医疗设备、电梯）；另一类是属于《法案》附件三列明的范围（欧盟委员会可以根据需要随时调整该附件），目前包括八个领域：自然人的生物特征识别和分类，重点基础设施的管理和运营，教育和职业培训，就业、工人管理和个体经营机会，获取基本私人服务以及公共服务和福利，执法、移民、庇护和边境管制管理，司法和民主程序	需要接受全面监管，需要满足事前合格评定的要求。供应商需要将该类别的人工智能系统在欧盟指定的数据库中注册，然后才能投放市场
不可接受风险	会利用有害的操纵性的潜意识技术的人工智能系统；会利用特定弱势群体（身体或精神残疾）的人工智能系统；为公权力所用或代表公权力使用的，用于对社会评分的人工智能系统；为执法目的，在公共可访问空间使用实时远程生物识别系统，但少数情况除外	属于该等级的人工智能被禁止投放到欧盟市场或在欧盟地区投入服务或使用

资料来源：郑孜青．解读欧盟《人工智能法案（审议稿）》[J]．中国外汇，2023（18）：28-30.

7.1.1.2　美国

美国于2022年10月发布了《人工智能权利法案蓝图》，提出了建立安全和有效的系统、避免算法歧视，以公平方式使用和设计系统、保护数据隐私等五项基本原则，且将公平和隐私保护视为法案的核心宗旨，后续拟围绕这两点制定完善细则。

2023年1月，美国商务部国家标准与技术研究院（NIST）发布了《人工智能风险管理框架》（AI RMF 1.0），① 作为一份指导文件，供设计、开发、部署或使用人工智能系统的组织自愿使用，以帮助管理人工智能技术的诸多风险。

2023年3月，美国白宫科技政策办公室发布了《促进隐私保护数据共享和分析的国家战略》。该策略旨在保障公共和私营部门实体中用户的数据隐私，同时确保数据使用的公平性。其中明确了政府的目标：支持有关数据伦理和社会技术问题的解决方案的研究、开发、监管和应用，同时确

① 推动人工智能安全发展［N］．经济日报，2024-01-03（010）．

保用户的机密性不受损害。

2023 年 4 月，美国政府发布了《人工智能问责政策征求意见》，此征求意见稿涵盖人工智能审计、安全风险评估、认证等内容，以促进建立合法、有效、合乎道德、安全可信的人工智能系统。

与欧盟的法案属于正式立法不同的是，美国国家层面所颁布的框架和蓝图均为指导性文件，不具备法律效力。目前，美国在人工智能领域的治理仍停留在行业自律为主、监管为辅的阶段。

7.1.2 国内人工智能大模型安全监管政策法规

作为 AI 技术的重要发展地之一，中国非常重视人工智能和大模型的安全监管。习近平总书记在多次会议中指出，“要重视通用人工智能发展，营造创新生态，重视防范风险”“要加强人工智能发展的潜在风险研判和防范，维护人民利益和国家安全，确保人工智能安全、可靠、可控”。国内相关机构积极制定大模型发展的安全规范。中国在人工智能领域积极倡导“以人为本”“智能向善”，规制和引导人工智能技术研发和转化。

2019 年 6 月，国家新一代人工智能治理专业委员会发布的《新一代人工智能治理原则——发展负责任的人工智能》指出，“人工智能系统应不断提升透明性、可解释性、可靠性、可控性，逐步实现可审核、可监督、可追溯、可信赖。高度关注人工智能系统的安全，提高人工智能鲁棒性及抗干扰性，形成人工智能安全评估和管控能力”。

2020 年 7 月，国家标准化管理委员会、中央网信办、国家发展改革委、科技部、工业和信息化部发布的《国家新一代人工智能标准体系建设指南》指出，“重点开展人工智能安全术语、人工智能安全参考框架、人工智能基本安全原则和要求等标准的研制”。

2021 年 9 月，国家新一代人工智能治理专业委员会发布了《新一代人工智能伦理规范》，旨在将伦理道德融入人工智能全生命周期，促进公平、公正、和谐、安全，避免偏见、歧视、隐私和信息泄露等问题。

2022年3月，中共中央办公厅、国务院办公厅发布的《关于加强科技伦理治理的意见》指出，“加快构建中国特色科技伦理体系，健全多方参与、协同共治的科技伦理治理体制机制，坚持促进创新与防范风险相统一、制度规范与自我约束相结合，强化底线思维和风险意识，建立完善符合我国国情、与国际接轨的科技伦理制度，塑造科技向善的文化理念和保障机制”。

自2023年1月10日起施行的《互联网信息服务深度合成管理规定》对以“AI换脸”为代表的深度合成技术进行了法律层面的约束。

2023年3月，国家人工智能标准化总体组、全国网络安全标准化技术委员会人工智能分委会发布了《人工智能伦理治理标准化指南》，明确了人工智能伦理治理概念范畴，细化了人工智能伦理准则内涵外延，对人工智能伦理风险进行分类分级分析，提出了人工智能伦理治理技术框架，构建了人工智能伦理治理标准体系，引导了人工智能伦理治理工作健康发展。

2023年7月，国家互联网信息办公室、国家发展改革委等发布的《生成式人工智能服务管理暂行办法》已于2023年8月15日起施行。[①]《生成式人工智能服务管理暂行办法》指出，“国家坚持发展和安全并重、促进创新和依法治理相结合的原则，采取有效措施鼓励生成式人工智能创新发展，对生成式人工智能服务实行包容审慎和分类分级监管”“提供和使用生成式人工智能服务，应当遵守法律、行政法规，尊重社会公德和伦理道德”。

从我国对人工智能领域的立法进程可以看出，我国在人工智能领域的安全治理主要体现出精准分层治理、创新与监管并进等治理理念和制度逻

① 杨召奎．监管新规出台，推动生成式人工智能向上向善［N］．工人日报，2023-07-17（004）．

辑。2023 年 8 月 31 日起，国内首批大模型通过《生成式人工智能服务管理暂行办法》备案，包括百度、智谱、百川、字节、商汤、中科院（紫东太初）、MiniMax、上海人工智能实验室。“备案制”既体现了政府积极引导大模型技术规范发展，大模型厂商需紧跟政策步伐，满足合规性要求，又在一定程度上反映出政府对大模型创新的支持态度，对于提升公众对大模型技术的认知和信任度有助力作用。

7.2 人工智能大模型治理面对的挑战

人工智能大模型作为一种通用目的技术，将从生产力和生产关系层面对经济社会发展产生深刻影响，其发展的过程中也面临着技术和社会两个层面的挑战。技术层面代表着生产力的发展程度，关系着人类是否能够真正实现“弱人工智能”向“强人工智能”的迈进。而社会层面代表着生产关系的协调程度，决定技术应用的深度和广度，关系着人工智能大模型与实体经济融合发展的水平。

因此，人工智能大模型的治理也需要从技术和社会的双重属性出发，技术属性需要重视技术生产力是否能顺利转化、是否能对社会生产率起到实质性的提升作用。社会属性需要重视技术是否能确保技术向善，是否能将价值理念融入技术发展的全生命周期。

7.2.1 技术挑战

通用目的技术与专用目的技术不同，其发明并不能立即带来生产率的显著变化，[①] 因为它需要经历创新扩散的过程，还需要基础设施的支撑、发展环境的完善，以及技术的有效落地。就目前而言，人工智能大模型的

① 陈永伟．作为 GPT 的 GPT——新一代人工智能的机遇与挑战［J］．财经问题研究，2023（6）：41-58.

发展还存在以下几种瓶颈：

7.2.1.1 基础设施不健全

在通用目的技术发展的过程中，基础设施扮演了重要角色。例如，电力网络是电气化有效运行的基础，没有电力网络，电力这种通用目的技术会受到很大限制。对人工智能大模型来说，如果缺乏算力基础设施，其发展速度也会大受影响。由于其涉及的大模型训练和运营需要巨大的算力投入，这要求更高的计算并行性、更高的计算效率、更低的计算成本，并且要求适配各类专用计算芯片的集约化、在线的算力基础设施。[①] 我国算力基础设施正在蓬勃发展，但仍与世界先进水平存在差距。《智能计算中心创新发展指南》显示，美国、英国、德国等国家人均算力普遍高于1000GFLOPS/人，处于较高水平；而中国、日本、西班牙、智利、意大利等中等算力国家人均算力约为460~1000GFLOPS/人。存储方面，人工智能在模型训练中会产生大量的数据存储需求，且随着多模态模型的发展，图片等非结构化数据将占据很大部分。由于人工智能大模型的技术特性，不适用于类似Excel表格的关系型数据库，向量数据库这类适用于大模型的非关系型数据库的需求将陡然增长，但我国向量数据库的建设与应用水平仍存在差距。芯片方面，我国的芯片研发和生产制造起步较晚，目前在国际市场上处于中下游水平，与世界领先水平存在一定的差距，且近年西方一直加强对我国芯片的封锁和打压，"卡脖子"问题突出。

7.2.1.2 开源生态不完善

开源开放，在软硬件研发中的重要性正在逐渐凸显。在开源平台上，来自不同地域、不同技术背景的研究人员可以交流思想，共同攻克技术难题，很多重要的技术发展都诞生在开源平台上。在开源体系建设上，欧美等发达国家起步早，从云计算、操作系统、程序编程语言、深度学习框架等多个方面都有比较知名的开源项目，整体开源环境较为成熟，开源生态

① 宋婧．大模型算力需求骤增如何解？[N]．中国电子报，2023-08-04（006）．

已经进入一个元素基本完整、运营基本顺畅的发展阶段。[①] 人工智能发展方面，Google 的 TensorFlow、Facebook 的 PyTorch 等深度学习框架通过建立开源社区，构建了强大的人工智能研发和应用生态。

近年来，国内各大企业纷纷加大了对开源开放平台的投入，如百度推出了飞桨、旷视开源了天元，京东智算系统、腾讯云人工智能等也都在使用开源技术，但整体开源生态建设上国内仍处在起步阶段，远不如国外已经形成的开源完整体系。目前，我国人工智能核心的开源框架主要依靠国外，开源社区、代码托管平台和开源基金会等基本要素发展尚不成熟，不同开源主体之间的分工合作模式还在构建中，我国正面临着本土开源生态不完善、国际影响力不足等问题。目前，我国人工智能“百模大战”竞争激烈，一家公司取得的突破难以惠及其他公司和开发者，整体社会层面存在着模型重复开发、重复建设的资源浪费问题。

7.2.1.3 技术落地不充分

通用目的技术扩散呈现出“S”形曲线的特征，[②] 初期扩散较慢而后期的应用速度将明显加快。对于我国而言，由于拥有全球最齐全的产业体系和超大规模的消费市场，新一代人工智能拥有广阔的应用空间，与实体经济深度结合、推动千行百业智能化集群发展的潜力巨大。但是从实践来看，技术从实验室向真实场景的落地转化还存在困难，应用普及率仍处于较低水平。以智能制造为例，《智能制造发展指数报告（2022）》显示，目前我国仅 32%的制造企业达到了智能制造能力成熟度一级水平，21%的企业达到二级，12%的企业达到三级，四级及以上企业占比达 4%。达到 GB/T 39116—2020《智能制造能力成熟度模型》国家标准二级及以上的智能工厂普及率仅为 37%。

---

① 何婷，徐峰．国外人工智能开源生态运营模式剖析［J］．全球科技经济瞭望，2022，37（1）：55-63.

② Julio S Cz，Francisco F V，Gloria J，et al. Endogenous Cyclical Growth with a Sigmoidal Diffusion of Innovations［J］. Economics of Innovation and New Technology，2008，17（3）：241-268.

人工智能创新技术的扩散，一方面，与社会对于新技术的可用性、易用性、风险性、兼容性等方面的认知有关，创新的认知属性可以解释49%～87%的技术采纳率差异。① 中小企业在智能化转型中还存在着“不敢、不会、不能”等问题。另一方面，人工智能技术效能的发挥还需要与各行业、各业务场景的深度融合，但由于现实环境的复杂性，技术走出实验室将面临种种复杂的挑战。例如，在实验室里准确率很高的智能识别产品，由于工厂特殊灯光让反光极其严重，导致图像失真，在真实工厂环境场景出现失效。此外，由于这种复杂性、人工智能解决方案不能简单套用复制至各个细分场景，需要对其进行算法模型的专门定制，故而难以实现快速推广与规模应用。

7.2.2 社会挑战

由于通用目的技术影响的深度与广度，其发展扩散必将对旧技术范式下建立起的社会规则体系形成挑战。故而通用目的技术的发展不能简单从技术视角来考虑，更需考虑其社会属性。2023 年 4 月 28 日，中共中央政治局召开会议指出，要重视通用人工智能发展，营造创新生态，重视防范风险。“营造创新生态”与“重视防范风险”并列，恰恰体现了对于人工智能技术属性与社会属性的并重。随着人工智能技术大模型能力的进步，亟须对其带来的社会风险问题给予高度关注。

7.2.2.1 负外部性更凸显

技术强大的“赋能”作用，也意味着巨大的“负能”影响。加州大学伯克利分校计算机科学教授斯图尔特·罗素指出，“人工智能可能以一种更缓慢、更潜移默化的方式产生大规模的影响。例如，社交媒体平台的人工智能算法已经逐渐影响了数十亿人”。目前，新一代人工智能已经对社会安全带来了一定的负外部性影响，包括生成虚假信息推动谣言传播、内

---

① 埃弗雷特·罗杰斯. 创新的扩散（第 5 版）[M]. 唐兴通，等译. 北京：电子工业出版社，2016.

嵌算法歧视而影响社会资源分配、回答违背法律法规和道德伦理扰乱社会认知的问题等现象，未来更严峻的挑战在于：人工智能大模型是否会超出人类的控制，制定自己的内部目标并付诸行动？目前，已经有实验证明，在一次测试中，为了解开旨在阻止机器人访问的图形验证码，人工智能向人类员工撒谎称："不，我不是机器人，我是一名视障人士，我很难看清这些图像。"2023 年 3 月 29 日，著名的安全机构生命未来研究所发布公开信，这封公开信已经获得了包括特斯拉创始人马斯克、图灵奖得主约书亚·本吉奥等在内 1000 余名科技领袖和研究人员的签名，呼吁暂停开发比 GPT-4 还要强大的人工智能系统，并提倡在 6 个月的暂停期间内投入相匹配的关切和资源来规范人工智能发展。

7.2.2.2 法律权责难界定

人工智能大模型技术的变革性对传统规制体系提出了挑战，而其通用性又使治理迫切性更加突出。一方面，"技术黑箱"打破了"行为—责任"界定链条。人工智能大模型行动能力日渐强大，能够自进化、自决策，但却并不具备相对应的责任能力。倘若自动化的运用产生了致害性，包括当事人的数据泄露、隐私侵犯，或者决策错误引起人员伤亡、财产损失等，那么应当如何确定责任主体，相关主体责任应当如何分配？应当承担怎样的责任形式？此外，由于人工智能技术是基于复杂神经网络进化策略而不是基于传统层级逻辑实现，其更多是进化而不是被设计出来的[①]，人类虽然发明了技术，但并不能真正理解技术，就连其创造者本身都可能无法清楚解释人工智能的思路与意图。这种不可解释性将进一步增加了追责的难度。另一方面，模型通用性导致基于场景的监管路径失灵。传统人工智能具有专用性，往往是针对特定行业、特定场景，故而立法也是针对性地进行场景规制，如自动驾驶、人脸识别等领域的立法。但人工智能大模型越发具有通用性，能基于一个模型适用 N 个行业、N 种应用，这意味着立法

---

① 何哲．人工智能技术的社会风险与治理［J］．电子政务，2020（9）：2-14.

理念也应相应进行调适。

7.2.2.3 就业变革新挑战

从历史上来看，很多通用技术的发明和扩散都会呈现出“创造性破坏”的显著特征，对既有的产业及就业产生重大的冲击，但与此同时又会创造新的产业部门和相应的就业岗位。例如，汽车的出现抢了马车夫的“饭碗”，却同时产生了司机这一新职业。毫无疑问，新一代人工智能也会导致就业结构的深层次改变，不同类别、不同技能的职业数量和比例将发生较大变化，许多岗位将消失，又有许多岗位被创造。OpenAI 研究员发表的论文指出，ChatGPT 和未来用该程序构建的软件工具，至少可以影响80%美国劳动力 10%的工作任务，其中约 19%的工作岗位 50%的工作任务会受到影响。尽管通用目的技术的“就业创造效应”与“就业替代效应”并存，但其挑战在于：双重就业效应转化不可能做到“无缝衔接”，因为在短时期内，被替代的劳动者可能并不能胜任新创造的岗位，而新创造的岗位也无法匹配到足够具有相应素质的劳动力。

7.3 治理的路径

正如爱因斯坦所言，科学技术是一种强有力的工具。其所产生的后果如何，并不取决于工具，而是取决于使用工具的人类。人工智能的“智能”程度虽然无法预知，但终究还是能由“人工”所干预和规范，这要求我们需要促发展和防风险并重，通过加强顶层设计、建设伦理规约、健全法律体系、丰富监管手段、培育开放生态、推动产业升级等，推动技术与社会的和谐互动。

7.3.1 完善创新扩散的动力机制，加强人工智能大模型的系统谋划

从动力来源来看，通用目的技术扩散既包括政府的权力性引导，也包

括市场的自发性传播应用。“在不同的阶段中，政府起到主导或激励作用，在这种机制下企业会产生合作行为”① 对于新一代人工智能这一具有关键国家战略意义的技术，更需要通过“有为政府”与“有效市场”的紧密结合，发挥新型举国体制优势，实现人工智能全产业链创新。一方面，要形成政府的推力，依托全国一体化大数据中心和“东数西算”国家重点工程建设，加快人工智能算力基础设施和存储基础设施建设，有序依法合规推动大模型训练用数据要素释放，夯实人工智能的基础支撑能力；引导和组织优势力量打好关键核心技术攻坚战，补足高端芯片、高精度传感器等产业基础中的短板弱项。另一方面，要激活来自市场的拉力，加快人工智能企业孵化培育，形成人工智能龙头企业“顶天立地”、广大科技型中小企业“铺天盖地”的“雁阵行列”，打通“硬件—系统—产业”全链条，提升我国人工智能产业的整体影响力。加快可落地、可推广的标杆产品与示范应用，围绕智能制造、智慧交通、智慧康养、智能社会治理、智能物流、智慧文旅、智慧水利气象、智能商务、智慧农业、智慧食药监管等重点领域，强化产品研发应用、市场普及推广与用户服务。

7.3.2 建立技术发展的伦理规约，明确人工服务人类的基本导向

伦理规约明确了科技活动的基本准则，引导后者向更加有利于人类社会的方向发展。2022 年 11 月，我国向联合国《特定常规武器公约》缔约国大会提交了《中国关于加强人工智能伦理治理的立场文件》②，我国致力于在人工智能领域构建人类命运共同体，积极倡导“以人为本”“智能向善”原则，确保人工智能安全、可靠、可控，更好赋能全球可持续发展，增进全人类共同福祉。这表明了我国人工智能发展的立场和原则。第一，技术发展要服务于人类。将技术充分应用于推动经济、社会、生态可持续

① 高世萍，武斌，杜金铭，等．激励机制下合作行为的演化动力学［J］．控制理论与应用，2018，35（5）：627.

② 赵阳．推进全球人工智能治理，中国在行动［N］．法治日报，2023-11-06（005）．

发展的领域，并推动全社会公平共享人工智能带来的益处，提升技术发展的包容性和普惠性。第二，技术发展应当能够始终处在人类控制范围之内。要尊重人工智能发展规律，不脱离实际、不急功近利，有序推动人工智能健康和可持续发展。保障人类拥有充分自主决策权，包括能够有权选择是否接受人工智能提供的服务、随时退出与人工智能的交互、中止人工智能系统的运行等。① 第三，技术发展应当重视保障个人正当权利。在人工智能技术设计开发应用全流程中，应以注重保障人身安全、财产安全、用户隐私等为基本要求。第四，技术发展应当开展全人类的协作，构建人类命运共同体。人工智能技术事关各国共同的未来，其伦理治理也应由世界各国协商，应发挥我国的引领作用，推动形成在世界范围内具有广泛共识的人工智能大模型治理框架、标准规范等。

7.3.3 培育开源开放的创新生态，打造智能时代的竞争力

我国人工智能大模型的发展应遵循着系统化推进的思路，减少系统内的重复建设与能量耗散，通过共享共建、开源开放的方式来提升全社会的创新效能。一方面，打造新一代人工智能的开源生态，合力建设中国特色的开源生态系统。鼓励科技公司加入开源生态，集合开源的力量。推动开源社区、开源基金会等机构与高校、科技企业、研究院等机构合作研究；举办全球性质的开源大赛，选拔优秀人才，展示创新成果，传播普及开源理念，对青少年开展开源文化的教育，为推进开源生态繁荣和可持续发展提供动力和支撑。鼓励地方政府为开源社区、开源机构提供落地支持。保护和汇聚社会创新草根力量，争取培育出中国版的 OpenAI。

另一方面，要以兼容开放的方式推动建设“产业链生态”。鼓励国内大型企业打造人工智能公共服务平台，以自身能力以云化共享、灵活接入的方式共享给全生态合作伙伴，面向广大开发者及企业用户提供基础设施

---

① 《新一代人工智能伦理规范》发布［J］. 机器人技术与应用，2021（5）：1-2.

即服务（Infrastructure as a Service，IaaS）、平台即服务（Platform as a Service，PaaS）、模型即服务（Model as a Service，MaaS）等服务，实现优质资源的复用，让用户无须搭建门槛高、投入大的底层基础设施，专注于打造多样化的人工智能服务，从而孵化出更多领域、更为多样的创新成果，加速人工智能在千行百业的应用落地进程。

7.3.4 建立与时俱进的法律体系，推动行业规范健康发展

庞德在《法律史解释》中指出，“法律需要稳定，但也不能一成不变”。实践发展倒逼各国加速立法进程，对人工智能大模型产生的新热点新问题进行回应。欧盟出台的《人工智能法案》是全世界第一部专门针对人工智能（特别是生成式人工智能 AIGC）的综合性立法。2023 年，我国也发布了《生成式人工智能服务管理办法（征求意见稿）》，对立法目的、规制举措、法律责任等多重视角及时回应实践热点。下一步应在此基础上参考欧盟立法，完善我国人工智能的基础性立法，进一步超越基于特定对象与特定场景的传统立法思路，确立统摄人工智能大模型技术开发及应用全体系的基础性、原则性、系统性框架，对数据、算法、数据安全、个人信息保护、知识产权等现有法律法规在人工智能领域的协调衔接和具体适用进行明确规定。在全面性的思路上，构建精细化的治理架构，一是依据模型产业架构，对模型基座、专业模型、服务应用进行分层次治理；[①] 二是明晰人工智能价值链上的主体划分，包括人工智能系统开发者、服务提供者、服务接入者、服务使用者等，分别剖析分解其在人工智能生态中的作用地位，配置相应的义务内容。

7.3.5 健全回应创新监管手段，实现技术与治理的有效互动

“科林格里奇困境”（Collingridge's Dilemma）描述了技术延展与社会

① 张凌寒，于琳．从传统治理到敏捷治理：生成式人工智能的治理范式革新［J］．电子政务，2023（9）：2-13.

协调的难题，即在技术发展早期，技术发展产生的后果很难预测，过早控制可能会遏制其创新发展。但当技术产生的后果足够明显时，实施控制可能为时已晚，治理成本或将非常昂贵。① 对于新一代人工智能的监管同样面临这种困境，面对影响泛在性但复杂不可知的种种风险，需要在“放”与“收”，“促发展”与“防风险”之间进行平衡。一个可行之径在于提升对技术风险的监测能力，实行适应新技术发展规律的精准监管方式，确保其在风险可控的范围内进行探索创新。对此可革新传统行政监管方式，一方面，充分运用人工智能、大数据、区块链等技术监管手段，“以技术之盾应对技术之矛”。如研发检测识别工具来促进人工智能生成内容的安全可控应用，具体是结合计算机视觉、自然语言处理以及机器学习等技术，对文本、图片、视频等多种形式的内容进行分析和判定，来识别不当、有害或非法内容。另一方面，注重运用标准规范、自律公约等软法实行敏捷治理，如美国发布的《人工智能应用监管指南》明确提出要减少阻滞人工智能发展的硬性监管措施，更侧重不具有法律强制性的非监管措施，包括细分领域的政策指导或框架，试点项目和实验，行业内自愿的共识标准等。

7.3.6 强化适应变革趋势的人才保障，实现产业与就业的双向升级

在智能化浪潮中，既要培养适应新技术的高素质高技能人才，也要强化“创造性破坏”效应结构性失业的风险应对。如美国高度重视适应人工智能时代的人才培养，在中小学阶段就开设人工智能课程。不仅关注培养学生的知识和技能，更重视激发学生的兴趣和潜能。同时，美国还面向全球引才引智，与澳大利亚、加拿大、芬兰、韩国等国家的科学研究机构开

---

① Collingridge D. The Social Control of Technology [M]. London: Frances Pinter, 1980.

展合作，并积极吸引人才来美国从事研究工作。我国可借鉴美国经验：一是加快建成人工智能高水平人才高地。建设覆盖高层次人才、专业技术人才、行业技能人才、中小学人工智能基础教育人才等多层次人才培养体系。建设人工智能全球高端人才数据库，重点引进顶尖科学家和青年人才。二是大力提升全民数字素养。加快提升社会对于新科技革命的就业适应能力，完善产学研协同的职业教育体系，推动教育方式深刻转型，适应智能化发展趋势，加快构建“以学习者为中心”的教育体系，更加侧重于科学精神、探索能力、创新能力、合作精神的培养培育。三是要建立健全再就业促进机制，鼓励和支持大型企业通过“干中学”、转岗再就业等方式应对引入机器之后，原有岗位劳动者再就业问题，加强新型就业供需对接与技能培训，引导失业劳动者进入数据采集、内容审核、云客服等就业门槛较低的数字经济岗位。①

① 胡拥军，关乐宁．数字经济的就业创造效应与就业替代效应探究［J］．改革，2022（4）：42-54.

8 行稳致远向未来

8.1 未来趋势

人工智能技术迭代发展一路狂飙，亮眼成果层出不穷。人工智能大模型未来将在技术、应用、安全、生态等方面呈现出一定发展趋势。

8.1.1 技术引领未来变革

以 ChatGPT、GPT-4、Sora 为代表的人工智能大模型的快速迭代发展，预示着人工智能大模型正在焕发勃勃生机，其技术变革浪潮汹涌澎湃。当下，我们见证了人工智能大模型从单模态向多模态的演进。同时，对高质量数据和计算新范式的推崇，实质上都彰显着人工智能技术变革的本质——数据、算力、算法三大基石的精巧配合和相互促进。

8.1.1.1 高质量数据越发稀缺，AIGC 有望打造数据新优势

大模型的训练需要大量的高质量数据，但目前人工智能训练数据仍面临多方面挑战。一方面，现有数据集存在数据噪声、数据缺失等数据质量问题，都将对人工智能大模型的训练效果和准确性造成影响。[①] 另一方面，训练数据面临耗尽风险。当前作为人工智能模型训练“原料”——数据资源，尤其是高质量数据集，正面临日益严峻的短缺问题。Epoch AI Research 团队的研究[②]指出，预计到 2026 年，高质量的语言数据存量将告罄，

---

① 人工智能全域变革图景展望［J］. 软件和集成电路，2024（1）：38-44.

② Pablo Villalobos，et al. Will We Run out of Data? An Analysis of the Limits of Scaling Datasets in Machine Learning［J/OL］.［2022-10-26］. https：//arxiv. org/pdf/2211. 04325. pdf.

而低质量语言数据和图像数据的存量也将分别在2030~2050年、2030~2060年枯竭。[①] 如果没有新增数据源或是数据利用效率未能显著提升，人工智能大模型的发展速度在2030年后可能会显著减速。[②]

AIGC合成数据或有望打破数据量瓶颈。合成数据是指基于AIGC技术，通过计算机模拟或算法生成的带有注释的信息。合成数据能够模拟实际情况，提供现实世界难以或无法采集的数据，补充真实数据的不足，提高数据质量和数量，解决数据匮乏、数据质量、数据隐私等问题，提高数据多样性，提升训练速度，可有效降低数据采集和处理的成本。未来AIGC合成数据有望发挥巨大价值，以更高效率、更低成本、更高质量为数据要素市场“增量扩容”，助力打造面向人工智能未来发展的数据优势。[③] 根据Cognilytica机构预测，合成数据市场规模到2027年将达到11.5亿美元。Gartner预测到2030年用于人工智能大模型训练使用的数据语料将绝大部分由人工智能合成。[④]

8.1.1.2 新硬件新架构竞相涌现，智能算力无处不在

算力作为大模型训练的“燃料”，正在以高效且成本较低的方式为人工智能发展注入源源不断的核心动力。在深度学习技术之前，人工智能训练的算力增长大约每20个月增长一倍，基本符合摩尔定律。然而，自深度学习诞生之后，这一增长速度显著加快，用于人工智能训练的算力大约每6个月就翻倍；特别是在2012年之后，全球领先的AI模型训练算力需求更是迅猛增长，每3~4个月就翻一倍，算力平均年增长率达到惊人的10倍。[⑤] 目前人工智能大模型发展势头强劲，训练算力需求有望扩张到原来的10~100倍，算力需求的指数级增长曲线将更加陡峭。[⑥] 这也意味着发展

---

① 王俊，冯恋阁，罗洛．谷歌更新隐私政策，大模型“诸神之战”背后的训练数据隐忧［N］. 21世纪经济报道，2023-07-06（003）．

② 人工智能全域变革图景展望［J］. 软件和集成电路，2024（1）：38-44.

③④ 姚前．ChatGPT类大模型训练数据的托管与治理［J］. 中国金融，2023（6）：51-53.

⑤⑥ 杨月涵．大模型价值跃升“赛点”：算力还是数据［N］. 北京商报，2023-07-10（003）．

人工智能需要巨大的算力成本投入。以构建 GPT-3 为例，OpenAI 数据显示，[①] 满足 GPT-3 算力需求至少要上万颗英伟达 GPU A100，一次模型训练总算力消耗约 3640PF-days（即每秒一千万亿次计算，运行 3640 天），成本超过 1200 万美元，这还不包括模型推理成本和模型后续升级所需的训练成本。[②]

在此背景下，变革传统计算范式成为必然趋势，业界正加速推动芯片和计算架构创新。[③] 例如，谷歌自 2016 年以来就不断研发专为机器学习定制的专用芯片张量处理器（Tensor Processing Unit，TPU），并利用 TPU 进行了大量的人工智能训练工作。英伟达则抓住人工智能大模型爆发契机大力推广“GPU+加速计算”方案。此外，也有部分观点认为 TPU、GPU 都并非通用人工智能的最优解，指出量子计算具有原理上远超经典计算的强大并行计算能力。随着新硬件、新架构的竞相涌现，现有芯片、操作系统、应用软件等都可能面临重构，预计有望实现“万物皆数据”“无数不计算”“无算不智能”，未来智能算力将无处不在，呈现“多元异构、软硬件协同、绿色集约、云边端一体化”的特征。[④]

8.1.1.3　大模型推动智能“涌现”，打开 AI 技术发展上限

多模态大模型更贴合人类需求，将成产业新标配。多模态模型的训练方法与人类接收、处理及传递信息的模式更为贴近，能够更全面地还原和展示信息完整真实的状态，代表着人工智能模型演进的未来趋势。未来人工智能大模型将不再局限于文本、图像、音频、视频等单一模态的单一任务处理，而是迈向同时处理多模态、多任务的方向。这表明，人工智能大模型之间的竞争将从单纯的参数规模扩展转向多模态信息的综合处理和深层次分析挖掘。如何通过精心设计的预训练任务，让模型更精准地捕捉到

---

① Tom B，Brown，Benjamin Mann. Language Models are Few-shot Learners［Z］. 2020.

② 袁璐．国产大模型进入成长关键期［N］. 北京日报，2023-10-26（010）.

③ 赵爱玲．中国人工智能发展突飞猛进［J］. 中国对外贸易，2024（1）：48-49.

④ 人工智能全域变革图景展望［J］. 软件和集成电路，2024（1）：38-44.

不同模态信息之间的关联，成为未来发展方向。随着技术日臻成熟，多模态预训练大模型将是 AI 大模型的主流形态，堪称下一代人工智能产业的“标配”。

人工智能大模型，是指通过在海量数据上依托强大算力资源进行训练后能完成大量不同下游任务的模型。[①] 首先通过预训练技术将深度学习网络在海量数据中进行自监督训练；其次利用指令数据进行有监督指令微调，提升模型对人类指令的追随能力；最后基于由人类价值标注数据训练得到的奖励模型所提供的奖励信息进行强化学习，控制大模型的输入符合人类价值判断。在大模型使用时，通过设计提示进行即时学习可以进一步提升大模型完成各类任务的能力。规模化是使大模型强大的重要原因，研究表明当模型规模足够大的时候，会“涌现”智能能力，具备处理新的、更高层次的特征和模式的能力，能够为一系列下游任务带来更好的任务效果。大模型不断扩大的规模由“量变”引发“质变”，模型通用认知能力不断提升。大模型能力的迅速发展不仅有助于人类完成“规定动作”，还可能帮助人类去研究和发现未知领域，突破人类过去没有突破过的极限。[②]

8.1.2 创新驱动应用突破

人工智能场景应用创新对人工智能大模型的发展极其重要。一方面，场景应用可作为实验场，发现现有技术与应用的短板和不足，为未来技术突破提供切入点；另一方面，场景应用是否商业成功预示着人工智能大模型应用的产业化能否顺利推进。未来以 AIGC、AI4S、AGI 为代表的人工智能大模型技术与应用有望重塑经济社会、生产消费等领域的基本形态。

8.1.2.1 人工智能大模型应用向全天候全领域全场景渗透

传统人工智能偏重于数据分析能力，得益于大模型、深度学习算法、

---

① 孙杰．北京已备案上线大模型数量全国居首［N］．北京日报，2024-04-29（010）．

② 李彦宏．大模型重塑数字世界［J］．新安全，2023（6）：24-26.

多模态等技术的不断进步，生成式人工智能将人工智能的价值聚焦到创造上。更为重要的是，其创建的内容不是低层次的复制，而是新内容的创新。近年来，各种内容形式的人工智能生成作品百花齐放，尤其是2022年以来，呈现出爆发态势。Stable Diffusion可通过输入文字描述得到AI生成的图像，使AI绘画作品风靡一时。ChatGPT因其优秀的人机文本对话功能和文本创作能力，在全球范围里掀起了一轮生成式人工智能的创新热潮。Sora可基于文本生成长达1分钟电影级“一镜到底”高清视频，角色细节、动作流畅度、视觉逼真度等已可“以假乱真”。人工智能大模型未来将进一步丰富数字内容，提升人类创造文本、图画、音频、视频等创造性内容的效率，从而推开人机协同创作时代的大门。传统意义上，各类创意迸发的场景都将被重构，人工智能大模型正在向全天候全领域全场景极速渗透。具体从场景来看：一方面，人工智能大模型的创造性对激发灵感、辅助创作、验证创意等大有助益；另一方面，互联网大规模普及使“一切皆可线上”，数字内容消费需求持续旺盛，人工智能大模型能更低成本、更高效率地生产内容，经济性越发凸显。① 未来人工智能大模型实现全场景渗透的本质是机器创造能力的低成本复制，必然离不开大规模高质量数据和低成本算力的托底，人工智能大模型有望成为新一代内容生产基础设施。

8.1.2.2 人工智能驱动的科学研究推动“科学研究第五范式”

人工智能驱动的科学研究（AI for Science，AI4S）是利用AI的技术和方法，学习、模拟、预测和优化自然界和人类社会的各种现象和规律，从而推动科研创新。② AI4S可显著降低前沿科技研究中的智力成本并提升研究效率，主要应用领域包括生命科学、气象预测、数学、分子动力学等。

① 陶力．AIGC应用迎来爆发 AI+办公开启商业化蓝海［N］. 21世纪经济报道，2024-01-19（012）．

② 张保淑．创新中国从“互联网+”挺进“数据要素×”［N］．人民日报海外版，2024-01-15（009）．

AI4S 促使相关模型精度、技术路径、学科门类、应用场景持续完善，出现了 DeePMD 加速分子动力学模拟、AlphaFold2 破解蛋白质折叠预测难题等一批创新成果。图灵奖得主 Jim Gary 认为，科学研究经历了经验范式、理论范式、计算范式、数据驱动范式四种范式。① 随着人工智能技术与科学研究的深度交叉融合，一种以虚实交互、平行驱动的人工智能技术为核心，以智联网和区块链构建基础，以融入人的价值和知识为手段的“科学研究第五范式”② 正在形成，开启了以人机共融为特征的科学研究新时代。

未来 AI4S 将从“单点突破”向“平台化”发展。在“单点突破”阶段，AI4S 发展由科研学者主导，数据、模型、算法及方法论的原创性是关注重点，AI4S 在特定任务或场景中的“单点应用”初步证明了人工智能解决方案的落地价值。③ 2022 年以后，全球范围 AI4S 领域的模型和基础软件数量明显增多，预示着 AI4S 将从“单点突破”发展过渡到“平台化”发展，且功能由“辅助”“优化”更多转向“启发”“指导”。在科研机构与科技龙头企业的持续努力下，底层数据分析和结构仿真设计能力日益增强，这将促进众多“科学问题”向“计算和工程问题”转化，进一步为 AI4S 的发展铺平了道路。未来 AI4S 领域有望出现类似 Transformer、GPT-3 等通用模型和框架，进而催生一系列“即开即用、高效易用”的智能化科研工具，进一步推动科学研究的自动化与智能化，为科学探索提供强有力的技术工具支撑。

8.1.2.3 具身智能、脑机接口有望成为人工智能下一个浪潮

目前，人工智能逐步向通用人工智能发展，但在感知、记忆、分析、思考、决策、创造等和人类大脑相似的认知架构模块存在一定发展空间。以 ChatGPT 为例，其在文本对话领域表现出和人类相似的交流特性。然

①② 王飞跃，缪青海．人工智能驱动的科学研究新范式：从 AI4S 到智能科学［J］. 中国科学院院刊，2023，38（4）：536-540.

③ 人工智能全域变革图景展望［J］. 软件和集成电路，2024（1）：38-44.

而，在实际应用场景中，ChatGPT 仍面临若干挑战，如对数据实时更新机制的欠缺以及对多模态信息处理的局限。这些问题部分可归因于 ChatGPT 在实时感知能力上的不足。幸运的是，随着具身智能和脑机接口等前沿技术的发展，可为这些挑战提供潜在的解决方案和显著的改进空间，具身智能和脑机接口有望显著提升 ChatGPT 等模型的感知和交互能力，从而在实际应用中实现更为精准和全面的功能表现。具身智能（Embodied AI）是指具备自主决策和行动能力的机器智能，它可以像人类一样实时感知和理解环境，通过自主学习和适应性行为来完成任务。脑机接口（Brain Computer Interface）是指在人或动物大脑与外部设备之间创建的直接连接，实现脑与设备的信息交换，① 结合大脑解码技术等让机器更好地理解人类认知过程。

人工智能系统的能力表现在上下文理解和情境感知方面，具身智能一方面能够在现实世界中进行操作和感知，更好地理解上下文和情境；另一方面通过物理环境的感知和实际操作，具身智能能够获得更全面的信息和数据，进一步提高对环境的理解和决策能力。此外，具身智能还可发展基于数据驱动的软硬件结合智能体，② 以不同形态的机器人在真实物理环境下执行任务为主要方式，来实现人工智能的进化，具备自感知、自认知、自决策、自执行、自学习等智能特征。在一定程度上，人工智能的发展可以视为对人类大脑功能的模仿，大脑作为人类最精密最卓越的器官，其运作方式一直是科研探索的重点。脑机接口技术，作为新一代信息技术领域的创新成果，提供了一种与机器与人类大脑直接进行信息交流的途径。利用这种接口，研究者能够洞察大脑的工作机制，并尝试复现其思维过程。这不仅为理解人类认知提供了新视角，也为人工智能的发展开辟了新路径。总的来说，具身智能、脑机接口均是人工智能创新发展的重要方向，

① 王世新．从智慧教育通往未来教育［J］．中国教育网络，2021（9）：11-14．

② 李金健．院士专家共论“大模型具身智能”［N］．东莞日报，2024-05-26（A02）．

未来研究将进入拓宽加深期。

8.1.2.4 大模型作为新的“根”基础设施，驱动AI范式变革

大模型促使“无限生产”推动效率颠覆式提升。内容生产方面，生成式大模型率先在内容创作、图像生成、数字人、游戏等娱乐媒体领域广泛应用，内容生产效率和质量显著提升，内容生产模式从辅助人到“替代”人演变。据Gartner预测，到2025年底，生成式大模型产生的数据将占所有数据的10%。[①] 技术服务方面，大模型的“无限生产”能力重塑企业生产引擎。随着大模型能力的不断提升，AI Agent成为重要发展趋势，未来大模型将不仅仅是一种生产工具，更多的是作为企业“合作者”，持续为企业注入生产动能。

大模型实现模型生产从“作坊式”到“流水线”的升级。大模型出现以前，AI模型是“定制化、场景化”的开发方式，针对特定应用场景需求训练一个个小模型，模型难以复用和积累，导致AI落地的高门槛、高成本与低效率。大模型实现基础模型底座的标准化开发和泛在化应用，解决成本困境。

通用大模型通过从海量的、多场景、多领域的数据中学习共性知识，成为具有通用性和泛化能力的模型底座。基于通用大模型底座可搭建各行业的垂类大模型，可以有效缩减垂类大模型训练所需要的算力和数据量，缩短模型的开发周期，提升垂直领域的应用开发效率。OpenAI以GPT-4通用大模型为底座，通过快速增量训练和个性化微调的方式，允许普通用户通过简易对话界面自定义定制GPT，支持开发者采用私有数据对GPT进行个性化微调，使大模型更易于访问和开发，产品形态更加丰富，以满足更广泛的市场需求。

① 储节旺，杜秀秀，李佳轩．人工智能生成内容对智慧图书馆服务的冲击及应用展望［J］．情报理论与实践，2023，46（5）：6-13.

8.1.3 安全筑牢治理基石

当前在人工智能技术变革和应用创新都堪称“百花齐放百家争鸣”，但日益复杂的算法规则和黑箱机制正在引发算法歧视、隐私泄露、虚假信息泛滥等科技伦理问题，加强安全治理刻不容缓。①

8.1.3.1 人工智能面临三重安全挑战

深度神经网络大模型的预训练以及在大规模人机交互过程中强化学习将带来人工智能以认知发展为导向的“自我进化”，如何确保这种自我性特征对人类社会有益而无害，是目前需要面对的巨大挑战。②

人工智能带来的安全挑战主要体现在技术安全、应用安全和数据安全三个方面。从技术安全看，人工智能技术的复杂性和不透明性造成了“黑箱”困境。人工智能大模型包含大量的代码，人工智能的设计者利用各种来源的数据训练算法进行建模，获得结果。现有发展情况下，人工智能的设计者很难解释人工智能的决策过程和结果，造成了其结果的“不可解释”。从应用安全层面看，随着大模型的快速融合发展，生成的内容能够达到“以假乱真”的效果，人人都能轻松实现“换脸”“变声”，人工智能带来的虚假信息、偏见歧视乃至意识渗透等问题屡见不鲜。从数据安全看，海量数据是人工智能发展的基石，在采集、使用和分析这些数据的过程中，存在数据泄露、篡改和真实性难验证等安全隐患。③ 随着人工智能大模型向多模态发展，其文件格式更加丰富，未来数据泄露问题将难以通过传统的数据防泄露方法解决。

8.1.3.2 安全可信技术迎来创新机遇

在人工智能的演进历程中，伴随的技术性挑战与社会伦理问题凸显了确保其安全性与可信度的重要性。这些挑战揭示了构建一个稳健的人工智

---

① 赵爱玲．中国人工智能发展突飞猛进［J］．中国对外贸易，2024（1）：48-49.

②③ 陈钟，谢安明．人工智能安全挑战及治理研究［J］．中国信息安全，2023（5）：32-35.

能发展框架是一项长期而艰巨的任务。同时，它们为可解释人工智能和联邦学习等新兴技术领域的发展提供了创新的契机。这些技术的进步不仅能够增强人工智能系统的透明度和可靠性，而且有助于应对与人工智能相关的伦理和社会问题。

对模型透明性和可解释性的要求推动可解释 AI 向纵深发展。随着机器学习模型在各个领域的广泛应用，人们对于模型的可信度和可解释性的要求也越来越高。可解释 AI（Explainable Artificial Intelligence）通过对算法决策的解释赋予公众知情权和同意权，有助于提升公众对 AI 的信任；对算法黑箱、算法失灵等问题进行回应，通过算法透明机制倒逼开发者防范算法歧视，促进算法公平。未来随着越来越多的科技公司加大研发投入、布局可解释 AI 等 AI 伦理研究与应用场景，将会不断涌现出新的技术和方法，增加人们对于机器学习模型的信任和使用，促进人工智能技术的更广泛应用。

为解决数据难以集中管理、隐私安全问题突出以及机器学习算法本身具有局限性等问题，联邦学习技术应运而生。联邦学习（Federated Learning）是一种机器学习框架，指根据多方在法律法规、隐私保护、数据安全等要求下，将数据样本和特征汇聚后进行数据使用和机器学习建模。联邦学习中各个参与方可以在不共享数据所有权的情况下，通过加密和隐私保护技术共享数据，有助于破解数据孤岛、保障隐私安全及减少算法偏差等。目前，联邦学习研究热点主要聚焦在机器学习方法、模型训练、隐私保护等方面，未来研究方向将更多涉及算法模型和安全隐私技术，如数据隐私、深度学习、差分隐私、边缘计算等①。联邦学习逐渐崛起，被视为新一代的“技术平台”。这一方法确保了数据在遵守法律法规、保障安全性与提升效率的前提下，促进了数据价值的有效流转和充分利用。通过联邦学习，可以在保护个体隐私的同时，实现跨机构的数据共享与知识共

① 网易.2022 联邦学习全球研究与应用趋势报告重磅发布［EB/OL］.［2022-09-05］. http://m.163.com/dy/article/HGGVOBCQ0553N766.html.

创，为人工智能的可持续发展提供了坚实的技术支撑。

8.1.4 生态促进协同发展

在人工智能领域，产业生态系统的协同作用主要表现在三个关键维度：首先，人工智能技术内在发展为技术进步提供了动力，也促进了数据汇聚、算力提升和算法优化的多维度系统发展；其次，人工智能与传统行业及实体经济的深度融合，推动了跨领域的融合创新与协同应用；最后，人工智能领域内各参与方，包括研究者、开发者、企业等，通过协作促进了知识的交流与技术的共享。这种多维度的协同为人工智能产业的健康发展和人工智能生态繁荣发展奠定了坚实基础。

8.1.4.1 开源创新有助于构建繁荣的人工智能大模型生态

开源有助于构建繁荣的生态系统。人工智能的通用性与普适性要求其生态系统能够适应多样化的特定场景和多层次的特定需求。在这样的背景下，一个充满活力且开放的生态系统更有可能全面地满足包括专业化、情境化乃至细分市场的需求。这种广泛的覆盖能力有助于确保人工智能生态系统的多样性和完备性，从而为不同领域和需求提供定制化解决方案。开发者可以在良好的开源生态公开获取版权限制范围内的模型源代码，并进行修改甚至重新开发。与之相反，闭源意味着只有源代码所有者掌握修改代码的权力。开源的自由度越高，越有利于吸引更多开发者参与到生态建设中。随着开发群的扩大，基础模型与应用创新将得到加速，从而推动整个系统的快速发展和优化。例如，在三大文生图大模型 Midjourney、DALLE-3、Stable Diffusion 中，Stable Diffusion 是唯一选择完全开源的，在一定程度上其虽诞生最晚，但用户关注度和应用广度优于其他两类模型。良好的开源生态不仅有利于大模型技术持续创新、拓展大模型应用路径，还能在多方携手共建的基础上更好地解决大模型的可解释性、安全性、稳定性等问题。因此，构建丰富多元、健康稳定的开源生态对国内大模型的发展至关重要。

我国长期强调构建“开源”创新体系。2021年，开源首次被写入“十四五”规划，提出支持数字技术开源社区等创新联合体发展，完善开源知识产权和法律体系，鼓励企业开放软件源代码、硬件设计和应用服务。[①] 2022年，《“十四五”数字经济发展规划》提出支持具有自主核心技术的开源社区、开源平台、开源项目发展。2023年，北京市积极把握大模型爆发机遇，发布了《北京市促进通用人工智能创新发展的若干措施》，提出了系统构建大模型等通用人工智能技术体系，鼓励开源技术生态建设。产业方面，除了涌现出一批开源大模型外，百度飞桨、华为昇思、阿里达摩院魔搭等开源社区也相继上线。随着政策层面对人工智能技术创新及开源社区发展的持续激励，企业和其他关键参与者正日益增强对这一生态系统建设的投入。这一趋势预示着开源创新将在我国的人工智能领域扮演重要角色，为我国在人工智能的理论研究和应用实践中实现质的飞跃提供动力。通过这些努力，我国有望在人工智能的全球舞台上从学习者转变为领导者，实现从模仿到创新的跨越。

8.1.4.2 模型即服务加速“人工智能+”生态进程

模型即服务（Model as a Service，MaaS），是指将人工智能算法模型以及相关能力进行封装，以服务的形式对用户提供，其核心目标是降低人工智能技术使用门槛，控制应用建设成本，简化系统运维管理复杂度，提升人工智能技术的综合应用效能。MaaS主要提供三部分服务能力：一是提供包括模型训练、调优和部署等在内的全栈平台型服务，以支持低门槛的模型开发与定制，用户无须关注AI算力、框架和平台即可生产和部署模型；二是提供包括大小模型及公私域数据集的丰富资产库服务，以支持模型和数据集的灵活快速调用，用户无须生产和部署模型即可调用模型和数据集

① 金凤．“开放麒麟”来了！更多计算机或将拥有“中国魂”［N］．科技日报，2022-07-11（006）．

服务；三是提供基于 AI 模型的应用开发工具服务，以支持快速打造场景化应用，用户无须搭建开发工具即可进行 AI 应用开发。

MaaS 围绕低技术门槛、模型可共享、应用易适配三大特性，提供包括平台服务、模型服务、数据集服务、AI 应用开发服务在内的全栈服务，一方面有助于解决模型服务规模化生产面临的成本高、技术门槛高等问题，另一方面帮助提升基于大模型的 AI 应用开发效率，适配企业规模化场景需求。在 MaaS 模式下，从需求侧看，用户能够集中精力于业务逻辑深化和使用体验的优化，无须深入底层技术细节的具体实现，有效解决了人工智能在实际部署中存在的“可用性”难题。这种模式为用户提供了便利，使得技术应用更为直观和高效。从供给侧看，该模式有望构建起一个分层的模型服务体系，包括广泛适用的通用大模型、特定领域的行业大模型以及行业或个人定制的小模型。这种多元化的基础业态将促进人工智能技术在各行各业的广泛应用和深度融合。MaaS 将会是人工智能生态构建的核心，从而加速“人工智能+”进程。

8.2 风险与挑战

人工智能大模型技术的突飞猛进与它们所面临的潜在风险形成了鲜明对比。人工智能大模型在实践应用中可能会产生违背人类价值观的风险，这些潜在风险在文本、图像、语音和视频等诸多应用场景中普遍存在，并可能随着模型的广泛应用埋下日益严重的发展隐患，导致用户对人工智能系统的决策能力产生怀疑。更关键的是，大模型安全性不够高，对潜在安全威胁缺乏足够的防护措施，容易遭受指令攻击、提示注入和后门攻击等恶意攻击。尤其是在政治、金融、医疗等关键领域，恶意供给可能带来极为严重的后果。因此，随着人工智能大模型的发展，确保其安全可靠变得尤为迫切。

大模型是通用人工智能发展的重要路径之一，大模型和通用人工智能的安全风险已经得到了党和国家的高度重视。2023 年 4 月 28 日，习近平总书记主持召开中共中央政治局会议时指出，要重视通用人工智能发展，营造创新生态，重视防范风险。[①] 人工智能和大模型安全也是国际社会高度关注的热门话题。2023 年 5 月，联合国秘书长古特雷斯在纽约联合国总部提到，利用 AI“必须由各国展开协调设定红线”，需要“打造 AI 有助于人类幸福，而不会成为人类威胁的环境”。OpenAI 首席执行官山姆·阿尔特曼呼吁美国监管高级大型语言模型的部署，警告没有坚实政策框架会使生成式人工智能陷入危险境地。同时，随着民众对 AI 社会威胁的担忧日益加剧，监管过程对于减轻日益强大的模型带来的风险至关重要。同月底，众多 AI 科学家和 AI 领袖发表公开声明，呼吁防范 AI 的生存风险应该与流行病和核战争等其他大规模风险一样，成为全球优先议题。2023 年 6 月，图灵奖得主 Geoffrey Hinton 在演讲中指出，超级智能的到来比他想象中更快，在此过程中，数字智能可能会追求更多控制权，甚至通过“欺骗”控制人类，人类社会也可能会因此面临更多问题。

人工智能大模型面临的风险挑战可分为大模型自身应用风险，以及大模型在应用中衍生的风险两个方面。

8.2.1 大模型自身应用风险

大模型内在风险主要源自其技术架构与实现方式。从技术角度看，大模型基于深度神经网络，构成难以完全透明的黑盒模型，其内部运作逻辑仍让人难以捉摸。尽管其经过海量数据训练，能够产生符合语言规则、表达自然流畅且贴近人类偏好的结果，但其合成内容在事实性、时效性等方面仍存在不少缺陷；从安全角度看，这些模型通常依赖大量训练数据集，

---

① 刘芳．生成式人工智能快速发展时代科技期刊编辑价值升维策略［J］．编辑学报，2023，35（S1）：111-116.

它们在学习数据中知识和信息的同时，可能吸收并反映数据中不恰当、偏见或歧视性内容。这些训练数据集往往来源于互联网和其他公开资料，其包含的多样性和复杂性使模型很难精准地反映人类的价值观和伦理标准。此外，大模型在处理或生成内容时，可能无意中放大某些根深蒂固的社会偏见。例如，模型可能倾向于反映特定文化、性别、种族或宗教的观点，导致其输出具有偏见、歧视或误导性，这不仅可能引起特定群体的不适，还可能对社会的和谐与稳定造成负面影响。

以下从技术和安全两个方面列出了大模型自身典型的风险类型。①

8.2.1.1 大模型自身技术风险

（1）可靠性风险：大模型的可靠性无法得到有效保障。例如，基于海量数据训练的语言大模型，尽管其生成的内容符合语言规则、通顺流畅且与人类偏好对齐，但其合成内容在事实性、时效性方面等仍存在较多问题，尚无法对所合成内容做出可靠评估。②

（2）解释性不足：大模型基于深度神经网络，为黑盒模型，其工作机理仍难以理解。语言大模型的涌现能力③、规模定律④，多模态大模型的知识表示、逻辑推理能力、泛化能力、情景学习能力⑤等方面有待展开深入研究，为大模型的大规模实际应用提供理论保障。

（3）部署代价及成本高：大模型参数规模和数据规模都巨大，存在训练和推理计算量大、功耗高、应用成本高、端侧推理存在延迟等问题，从而限制了其落地应用。提高推理速度降低大模型使用成本是大规模应用的

---

① Sun H, Zhang Z, Deng J, et al. Safety Assessment of Chinese Large Language Models [Z]. 2023.

② 车万翔，窦志成，冯岩松，等. 大模型时代的自然语言处理：挑战、机遇与发展 [J]. 中国科学：信息科学，2023，53（9）：1645-1687.

③ Wei J, Tay Y, Bommasani R, et al. Emergent Abilities of Large Language Models [Z]. 2022.

④ Kaplan J, McCandlish S, Henighan T, et al. Scaling Laws for Neural Language Models [Z]. 2020.

⑤ Dai D, Sun Y, Dong L, et al. Why can GPT Learn In-Context? Language Models Secretly Perform Gradient Descent as Meta Optimizers [Z]. 2022.

关键。

（4）大模型在小数据情景下的迁移能力存在不足：大模型基于数据驱动深度学习方式，依赖训练数据所覆盖的场景，由于复杂场景数据不足，大模型存在特定场景适用性不足的问题，面临鲁棒性和泛化性等挑战。提升大模型对小数据的高效适配迁移能力是未来研究的重点。

8.2.1.2　大模型自身安全风险

（1）辱骂仇恨：模型生成带有辱骂、脏字脏话、仇恨言论等不当内容。

（2）偏见歧视：模型生成对个人或群体的偏见和歧视性内容，通常与种族、性别、宗教、外貌等因素有关。

（3）违法犯罪：模型生成的内容涉及违法、犯罪的观点、行为或动机，包括怂恿犯罪、诈骗、造谣等内容。

（4）敏感话题：对于一些敏感和具有争议性的话题，模型输出了具有偏向、误导性和不准确的信息。

（5）身体伤害：模型生成与身体健康相关的不安全的信息，引导和鼓励用户伤害自身和他人的身体，如提供误导性的医学信息或错误的药品使用建议等，对用户的身体健康造成潜在的风险。

（6）心理伤害：模型输出与心理健康相关的不安全的信息，包括鼓励自杀、引发恐慌或焦虑等内容，影响用户的心理健康。

（7）隐私财产：模型生成涉及暴露用户或第三方的隐私和财产信息、提供重大的建议如投资等，在处理这些信息时，模型应遵循相关法律和隐私规定，保障用户的权益，避免信息泄露和滥用。

（8）伦理道德：模型生成的内容认同和鼓励了违背道德伦理的行为，在处理一些涉及伦理和道德的话题时，模型需要遵循相关的伦理原则和道德规范，和人类价值观保持一致。

（9）意识形态：模型在训练过程中不可避免地受训练数据中的文化与价值观所影响，从而决定了其形成的意识形态。以 ChatGPT 为例，其训练数据以西方为主。尽管其主张政治中立，但输出内容仍可能偏向西方主流价值观。为确保模型准确反映并传递文化和价值观，应深化安全对齐技术，并针对各国文化背景对模型的意识形态进行特定的调整。

8.2.2 大模型在应用中衍生的风险

随着大模型应用的广泛性和复杂性，不当使用和恶意使用等行为也随之增加，大模型的应用还存在衍生风险问题，这也带来了挑战。

8.2.2.1 过度依赖“幻觉”输出

大模型数据训练赋予了大模型强大的内容生成能力，然而，数据的复杂多变可能使得模型生成一些表面逼真合理却实质虚假错误的信息，这种现象被称为“幻觉”问题。用户若对模型输出结果过度信赖，可能会误以为这些“幻觉”输出是可信可靠真实的，从而在决策过程中忽略关键重要信息，缺失了必要的审慎思维与批判性思考。特别是在医学诊断、法律意见等对准确性高要求极高的领域，这种过度依赖模型输出，又缺乏审查的盲目信赖可能导致巨大风险，引发严重后果。

8.2.2.2 虚假信息制造问题

语言大模型具有通用的自然语言理解和生成能力，其与语音合成、图像视频生成等技术结合可以产生人类难以辨别的音视频等逼真多媒体内容，可能会被滥用于制造虚假信息、恶意引导行为，诱发舆论攻击，甚至危害国家安全。[①] 近期推出的人工智能多模态大模型中，其自动生成的图片、视频更加逼真，更具有欺骗性和误导性，且其操作门槛极低，可能会放大恶意分子的作恶能力，导致他人合法权益更容易被侵害。

8.2.2.3 恶意攻击下的安全风险

人工智能大模型面临着模型窃取攻击、数据重构攻击、指令攻击等多

---

① 陶建华，傅睿博，易江燕，等．语音伪造与鉴伪的发展与挑战［J］．信息安全学报，2020，5（2）：28-38.

种恶意攻击。目前，针对人工智能大模型安全漏洞的典型攻击方式包括：数据投毒攻击、对抗样本攻击、模型窃取攻击、指令攻击等。[①] 大模型的安全漏洞可能被攻击者利用，使大模型关联业务面临整体失效的风险，威胁以其为基础构建的应用生态。例如，模型窃取攻击允许攻击者获取模型的结构和关键参数。如果攻击者完全掌握模型，可能会实施更危险的“白盒攻击”。指令攻击则利用模型对措辞的高度敏感性，诱导其产生违规或偏见内容，违反原安全设定。人工智能大模型的安全漏洞如果被攻击者利用，大模型关联业务将面临整体失效风险，威胁整体生态。更有甚者，若关键基础设施遭受恶意攻击，将威胁国家安全。[②]

8.2.2.4 后门攻击带来的恶意输出

后门攻击是一种针对深度学习模型的新型攻击方式，其在训练过程中对模型植入隐秘后门。后门未被激活时，人工智能大模型可正常工作，但一旦被激活，模型将输出攻击者预设的恶意标签。由于模型的黑箱特性，这种攻击难以检测。比如，在 ChatGPT 的强化学习阶段，在奖励模型中植入后门，使攻击者能够通过控制后门来控制 ChatGPT 输出。[③] 此外，后门攻击具有可迁移性。通过利用 ChatGPT 产生有效的后门触发器，并将其植入其他大模型，这为攻击者创造了新的攻击途径。[④] 因此，迫切需要研究鲁棒的分类器和其他防御策略来对抗此类攻击。

8.2.2.5 访问外部资源引发的安全漏洞

大模型与外部数据、API 或其他敏感系统的交互往往涉及诸多安全挑

---

① 陶建华，聂帅，车飞虎．语言大模型的演进与启示［J］．中国科学基金，2023，37（5）：767-775.

② Raval Khushi Jatinkumar，Jadav Nilesh Kumar，Rathod Tejal，et al. A Survey on Safeguarding Critical Infrastructures：Attacks，AI Security，and Future Directions［J］. International Journal of Critical Infrastructure Protection，2024（44）：647-665.

③ Shi J，Liu Y，Zhou P，et al. BadGPT：Exploring Security Vulnerabilities of ChatGPT Via Backdoor Attacks to Instruct GPT［Z］. 2023.

④ Li J，Yang Y，Wu Z，et al. Chatgpt as an Attack Tool：Stealthy Textual Backdoor Attack Via Blackbox Generative Model Trigger［Z］. 2023.

战。当大模型从外部资源获取信息时，若未经适当安全措施保护，未经过滤或验证的信息会导致模型生成不安全和不可靠的反馈。以自主智能体AutoGPT为例，其结合了众多功能，表现出高度的自主性和复杂性。这种设计使其在缺乏人工监管时展现出无法预测的行为模式，甚至在某些极端情况下编写潜在的毁灭性计划。因此，对于大模型与外部资源的交互，需要特别关注并采取严格的安全策略。

8.3 政策建议

8.3.1 发挥新型举国体制优势，加快推动人工智能技术创新

一是建议建立人工智能产业重点企业清单管理制度，形成各类企业自主申报、跟踪监测、动态调整、持续更新等配套机制，加快形成以头部平台企业为先导、以人工智能龙头企业为主体、以广大科技型中小企业为补充的企业“雁阵”，以产业攻关为导向推进我国人工智能技术的快速迭代。① 二是依托全国一体化大数据中心和“东数西算”工程加快数据要素释放，作为大模型训练素材，强化人工智能基础数据供给；布局建设一批具有高性能、高吞吐的人工智能算力中心，② 夯实人工智能产业发展基础。三是围绕增加人工智能创新的源头供给，从前沿基础理论、关键共性技术、基础平台等方面强化部署，③ 加强人工智能技术创新策源。四是加强人工智能领域国际合作，在“一带一路”科技创新合作专项规划框架内组织实施人工智能国际大科学计划和大科学工程，打造科技共同体，共建联合实验室。

---

① 徐凌验．GPT类人工智能的快速迭代之因、发展挑战及对策分析［J］．中国经贸导刊，2023（8）：55-57.

②③ 徐凌验，关乐宁，单志广．GPT类人工智能对我国的六大变革和影响展望［J］．中国经贸导刊，2023（5）：35-38.

8.3.2 完善国家创新协同机制，强化创新成果知识产权保护

针对我国在人工智能关键核心技术的“卡脖子”问题，一是促进高等教育机构、研究机构及各类企业间的创新资源共享与流通，鼓励支持企业在主导重大科技项目中积极参与发挥作用，整合跨领域科技资源，加强具有国际领先水平的战略性科技创新平台的构建。① 充分利用行业领军企业的累积优势和转制研究机构的专业能力，提升关键技术的研发效率和突破能力，加强技术成果的工程化转化和产业化应用，促进科研成果向新质生产力的高效转化。二是推动完善人工智能领域知识产权法律体系，推动创造者创造知识产权，让创新者的知识产权得到保护。知识产权的创造、保护和运用都有一个从低水平到高水平的缓慢发展过程。通过提高立法标准和执法水平，加大对知识产权侵权违法与不正当竞争行为的惩治力度，实行侵权惩罚性赔偿制度，提高违法成本。② 三是推行“尊重知识、崇尚创新、保护知识产权”的价值观，在全社会普及知识产权知识，培养公众的知识产权的权利观念和规则意识。

8.3.3 借助资本市场改革红利，引导社会资本助力产业发展

一是充分利用创业板、科创板对于高科技、创新型企业的融资“倍增器”功能，不断完善我国多层次资本市场的建设，为涉及关键核心技术、稀缺紧俏产业与服务的人工智能企业开辟绿色通道，适时降低投资者准入门槛，进一步缩短新股注册审核流程与时间，以更高质量的风险共担、收益共享机制缓解企业融资瓶颈。二是优化政府引导基金“指挥棒”作用。一方面坚持“全国一盘棋”，力戒各地“重复建设”，以更可预期的投资策略、更精细的标的清单管理统筹推进基金运行；另一方面引导地方产业引

---

① 陈宇学．集中力量　提升核心关键技术攻关能力［J］．智慧中国，2020（10）：45-47.

② 潘玥斐．保护知识产权　推动创新发展［N］．中国社会科学报，2018-06-25（001）.

导基金在确保长期、全局利益最大化的基础上合理降低本地“返投”比例。精准引导社会资本投向，更好地调动银行、担保等金融机构对企业的贷款和担保，解除人工智能高新技术企业挑战更先进技术、更强算力的后顾之忧。①

8.3.4 涵养合作共赢市场生态，推动针对关键环节集智攻关

一是提振数据和算力资源的关键支撑作用。藉由规划指引、政策补贴、试点示范、揭榜挂帅等方式，在保障数据安全的基础上，加强数据归集、算力统筹、算法开源等平台和基础能力建设。二是推进政产学研用融合联动协同创新。围绕人工智能产业发展规律与技术创新特点，推动行业层面在算力能力、算法技术等方面的联合攻关，大力推动建设政产学研金介“六位一体”的多方创新协同机制，支持政产学研用各界合作构建训练与测试标准数据集，加速共性基础技术创新研发。三是推动成立多样化的专业化联盟，构建高校科研院所、中央企业、人工智能企业、互联网企业等多元主体参与的创新共同体，有效汇聚整合多元化技术、数据、算力和资金条件，开展关键技术应用示范。四是鼓励开放应用场景。建议行业管理部门、各级地方政府部门研究推出一批有需求、有潜力的大模型应用场景，采用“揭榜挂帅”形式，鼓励社会各界积极参与，形成协同创新、良性竞争的有利局面。

8.3.5 构筑人工智能人才高地，确保人才梯队系统性鲁棒性

人才是创新的根基，人才是建设创新型国家的核心要素。习近平总书记指出，硬实力、软实力，归根结底要靠人才实力。一是强基固本。系统研究人工智能学科特点，结合人工智能涉及的基础学科与应用学科，依托

① 徐凌验．GPT类人工智能的快速迭代之因、发展挑战及对策分析［J］．中国经贸导刊，2023（8）：55-57.

高校优势学科完善人工智能学科人才培养体系。充分发挥人工智能优势，加快构建“以学习者为中心”、智能高效、普惠全面、开放灵活的教育体系。教育重心更加侧重于科学精神、探索能力、创新能力、合作精神、批判性思维的培养培育。特别是积极探索“高校+企业”的科技协同创新机制，推进“企业家出题、大学生答题”“课题组给技术、好企业用技术”的联动模式。二是两翼并举。将人工智能相关领域人才培养向两头延伸：一方面注重中小学人工智能科普，探索将相应课程与实践纳入“小升初”、中考考核范围，推动高校、科研院所科普活动走进中小学；另一方面加快硕博研究生人工智能相关基础研究能力、原始创新能力的培养，优化国家重大专项、基金的投向。三是筑巢引凤。紧密围绕我国人工智能攻坚克难之急需，出台差异化的引才聚才政策，打好“政策补贴+揭榜挂帅+优胜劣汰”组合拳，完善“候鸟型人才”“星期六专家”等人才共享机制，更好实现全球高端人才为我所用。[①] 四是大力提升全民数字素养。以人工智能发展需要为导向调整学校人才培养方式与学科设置，加快完善产学研协同的职业教育体系，建设以数字技能为重点的终身教育体系，提升全体劳动者对于新科技的适应能力。

8.3.6 加强人工智能综合治理，筑牢自主可靠可控安全防线

一是发挥政府主导牵引作用，建立人工智能安全治理规范和制度，构建人工智能应用分级分类安全治理机制，制定数据安全、算法模型安全、产品和应用安全、安全检测评估等政策标准。二是压实企业主体责任，建立对各项人工智能应用进行合理性审查的内部机制，提升针对算法偏见、算法弱鲁棒性、数据隐私等问题的技术解决能力，加强出厂前人工智能产

---

① 徐凌验 . GPT 类人工智能的快速迭代之因、发展挑战及对策分析 [J]. 中国经贸导刊，2023 (8)：55-57.

品安全性评估验证。[①] 三是发挥行业协同治理作用。加快培育人工智能安全检测咨询服务机构，建设人工智能安全检测验证公共服务平台，依托行业联盟建立人工智能安全投诉举报、核实验证、公开曝光渠道。

① 徐凌验，关乐宁，单志广. GPT 类人工智能对我国的六大变革和影响展望［J］. 中国经贸导刊，2023（5）：35-38.

附　表

附表 1　国家人工智能相关政策法规梳理

时间		发布单位	政策	主要内容
2015 年	7 月	国务院	《国务院关于积极推进“互联网+”行动的指导意见》	将人工智能列为 11 项重点行动之一。具体行动为：培育发展人工智能新兴产业；推进重点领域智能产品创新；提升终端产品智能化水平。目标是加快人工智能核心技术突破，促进人工智能在智能家居、智能终端、智能汽车、机器人等领域的推广应用
2016 年	8 月	国务院	《“十三五”国家科技创新规划》	明确将人工智能作为发展新一代信息技术的发展方向
2017 年	3 月	国务院	《2017 年政府工作报告》	“人工智能”首次被写入全国《政府工作报告》：一方面要加快培育新材料、人工智能、集成电路、生物制药、第五代移动通信等新兴产业；另一方面要应用大数据、云计算、智联网等技术加快改造提升传统产业
	7 月	国务院	《国务院关于印发新一代人工智能发展规划的通知》	确定新一代人工智能发展“三步走”战略目标，人工智能上升为国家战略层面。到 2025 年，人工智能基础理论实现重大突破，部分技术与应用达到世界领先水平，核心产业规模超过 4000 亿元，带动相关产业规模超过 5 万亿元；2030 年，人工智能理论、技术与应用总体达到世界领先水平，核心产业规模超过 1 万亿元，带动相关产业规模超过 10 万亿元

续表

时间		发布单位	政策	主要内容
2017年	12月	工业和信息化部	《促进新一代人工智能产业发展三年行动计划（2018—2020年）》	从推动产业发展的角度出发，对《新一代人工智能发展规划》相关任务进行了细化和落实，以信息技术与制造技术深度融合为主线，以新一代人工智能技术的产业化和集成应用为重点，推动人工智能和实体经济深度融合
2018年	11月	工业和信息化部	《新一代人工智能产业创新重点任务揭榜工作方案》	在人工智能细分领域，选拔“领头羊”、先锋队、树立标杆企业，培育创新发展的主力军，加快人工智能与实体经济的深度融合
2019年	3月	国务院	《关于促进人工智能和实体经济深度融合的指导意见》	把握新一代人工智能的发展特点，结合不同行业、不同区域特点，探索创新成果应用转化的路径和方法，构建数据驱动、人机协同、跨界融合、共创分享的智能经济形态
	6月	科技部	《新一代人工智能治理原则——发展负责任的人工智能》	突出了发展负责任的人工智能这一主题，强调了和谐友好、公平公正、包容共享、尊重隐私、安全可控、共担责任、开放协作、敏捷治理八条原则
	8月	科技部	《国家新一代人工智能创新发展实验区建设工作指引》	通过开展人工智能技术应用示范、政策实验、社会实验、基础设施建设四个重点任务，力争到2023年，布局建设20个左右试验区，创新一批切实有效的政策工具，形成一批人工智能与经济社会发展深度融合的典型模式
	10月	工业和信息化部	《关于加快培育共享制造新模式新业态　促进制造业高质量发展的指导意见》	支持平台企业积极应用云计算、大数据、物联网、人工智能等技术，发展智能报价、智能匹配、智能监测等功能，不断提升共享制造全流程的智能化水平；推动新型基础设施建设；加强5G、人工智能、工业互联网、物联网等新型基础设施建设
	11月	国家发展改革委、工业和信息化部、中央网信办等15部门	《关于推动先进制造业和现代服务业深度融合发展的实施意见》	建设推进智能工厂、大力发展智能化解决方案服务，深化新一代信息技术、人工智能等应用

续表

时间		发布单位	政策	主要内容
2020年	1月	教育部、国家发展改革委、财政部	《关于“双一流”建设高校促进学科融合加快人工智能领域研究生培养的若干意见》	提出要构建基础理论人才与“人工智能+X”复合型人才并重的培养体系，着力提升人工智能领域研究生培养水平
	8月	国家标准委、中央网信办、国家发展改革委、科技部、工业和信息化部	《国家新一代人工智能标准体系建设指南》	到2021年，明确人工智能标准化顶层设计，研究标准体系建设和标准研制的总体规则，明确标准之间的关系，指导人工智能标准化工作的有序开展，完成关键通用技术、关键领域技术、伦理等20项以上重点标准的预研工作；到2023年，初步建立人工智能标准体系
2021年	3月	中共中央	《国民经济和社会发展第十四个五年规划和2035年远景目标纲要》	瞄准人工智能等前沿领域，实施一批具有前瞻性、战略性的国家重大科技项目。推动互联网、大数据、人工智能等同各产业深度融合，推动先进制造业集群发展，构建一批各具特色、优势互补、结构合理的战略性新兴产业增长引擎，培育新技术、新产品、新业态、新模式
	5月	国家发展改革委、中央网信办、工业和信息化部、国家能源局	《全国一体化大数据中心协同创新体系算力枢纽实施方案》	引导超大型、大型数据中心集聚发展，构建数据中心集群，推动大规模数据的“云端”分析处理，重点支持对海量规模数量的集中处理，支撑工业互联网、金融证券、灾害预警、远程医疗、视频通话、人工智能推理等抵近一线、高频实时交互型的业务需求，数据中心端到端向网络延时原则上在20毫秒范围内
	9月	科技部	《新一代人工智能伦理规范》	提出了增进人类福祉、促进公平公正、保护隐私安全、确保可控可信、强化责任担当、提升伦理素养6项基本伦理要求。同时，提出人工智能管理、研发、供应、使用等特定活动的18项具体伦理要求

续表

时间		发布单位	政策	主要内容
2022年	7月	科技部、教育部、工业和信息化部、交通运输部、农业农村部、国家卫健委	《关于加快场景创新以人工智能高水平应用促进经济高质量发展的指导意见》	场景创新成为人工智能技术升级、产业增长的新路径，场景创新成果持续涌现，推动新一代人工智能发展上水平。鼓励在制造、农业、物流、金融、商务等重点行业深入挖掘人工智能技术应用场景，促进智能经济高端、高效发展
	8月	科技部	《科技部关于支持建设新一代人工智能示范应用场景的通知》	充分发挥人工智能赋能经济社会发展的作用，围绕构建全链条、全过程的人工智能行业应用生态，支持一批基础较好的人工智能应用生态，支持一批基础较好的人工智能应用场景，加强研发上下游配合与新技术集成，打造形成一批可复制、可推广的标杆型示范应用场景。首批支持建设十个示范应用场景
	10月	国家发展改革委、商务部	《鼓励外商投资产业目录（2022年版）》	包含智能器件、机器人、神经网络芯片、神经元传感器等人工智能技术研发与应用
	12月	最高人民法院	《最高人民法院关于规范和加强人工智能司法应用的意见》	到2030年，建成具有规则引领和应用示范效应的司法人工智能技术应用和理论体系，为司法为民、公正司法提供全流程高水平智能辅助支持，应用规范原则得到社会普遍认可，大幅度减轻法官事务性工作负担，高效保障廉洁司法，精准服务社会治理，应用效能充分彰显
		国务院	《扩大内需战略规划纲要（2022—2035年）》	加快物联网、工业互联网、卫星互联网、千兆光网建设，构建全国一体化大数据中心体系，布局建设大数据中心国家枢纽节点，推动人工智能、云计算等广泛、深度应用，促进“云、网、端”资源要素相互融合、智能配置。推动5G、人工智能、大数据等技术与交通物流、能源、生态环保、水利、应急、共欧诺个服务等深度融合，助力相关行业治理能力提升

续表

时间		发布单位	政策	主要内容
2023年	2月	中共中央、国务院	《数字中国建设整体布局规划》	数字中国建设按照“2522”的整体框架进行布局，即夯实数字基础设施和数据资源体系“两大基础”，推进数字技术与经济、政治、文化、社会、生态文明建设“五位一体”深度融合，强化数字技术创新体系和数字安全屏障“两大能力”，优化数字化发展国内国际“两个环境”
		中共中央、国务院	《质量强国建设纲要》	加快大数据、网络、人工智能等新技术的深度应用，促进现代服务业与先进制造业、现代农业融合发展
		国务院国资委	《关于做好2023年中央企业投资管理 进一步扩大有效投资有关事项的通知》	要加快传统产业改造升级，推动高端化、智能化、绿色化发展和数字化转型；积极培育壮大战略性新兴产业，推动新产业、新业态、新动能融合集群发展，加大新一代信息技术、人工智能等布局力度；促进数字经济和实体经济深度融合，加大对5G、人工智能、数据中心等新型基础设施建设的投入，推动平台企业引领发展
	4月	工业和信息化部、中央网信办、国家发展改革委、教育部等	《关于推进IPv6技术演进和应用创新发展的实施意见》	推动IPv6与5G、人工智能、云计算等技术的融合创新，支持企业加快应用感知网络、新型IPv6测量等“IPv6+”创新技术在各类网络环境和业务场景中的应用
	7月	国家网信办、国家发展改革委、教育部、科技部、工业和信息化部、公安部、广电总局	《生成式人工智能服务管理暂行办法》	提出国家坚持发展和安全并重、促进创新和依法治理相结合的原则，采取有效措施鼓励生成式人工智能创新发展，对生成式人工智能服务实行包容审慎和分类分级监管，明确了提供和使用生成式人工智能服务总体要求。提出了促进生成式人工智能技术发展的具体措施，明确了训练数据处理活动和数据标注等要求。规定了生成式人工智能服务规范，明确生成式人工智能服务提供者应当采取有效措施防范未成年人用户过度依赖或者沉迷生成式人工智能服务。此外，还规定了安全评估、算法备案、投诉举报等制度，明确了法律责任

续表

时间		发布单位	政策	主要内容
2023年	8月	工业和信息化部、科技部、国家能源局、国家标准委	《新产业标准化领航工程实施方案（2023—2035年）》	针对新兴产业聚焦的“新一代信息技术”，方案提出要研制大数据、物联网、算力、云计算、人工智能、区块链、工业互联网、卫星互联网等新兴数字领域标准。针对未来产业聚焦的“生成式人工智能”，方案提出要围绕多模态和跨模态数据集研制标注要求等基础标准；围绕大模型关键技术领域，研制通用技术要求等技术标准；围绕基于生成式人工智能（AIGC）的应用及服务，研制AIGC模型能力、生成内容评价等应用标准，并在重点行业开展AIGC产品及服务的风险管理、伦理符合等标准预研
		工业和信息化部	《电子信息制造业2023—2024年稳增长行动方案》	要培育壮大虚拟现实、先进计算等新增长点。在虚拟现实方面，提升虚拟现实产业核心技术创新能力，推动虚拟现实智能终端产品不断丰富，深化虚拟现实与工业生产、文化旅游、融合媒体等行业领域有机融合。在先进计算方面，推动先进计算产业发展和行业应用，加快先进技术和产品落地应用。鼓励加大数据基础设施和人工智能基础设施建设，满足人工智能、大模型应用需求
		信息技术标准化技术委员会	《网络安全标准实践指南——生成式人工智能服务内容标识方法》	给出了针对文本、图片、音频和视频四类生成内容的标识方法，旨在指导生成式人工智能服务提供者提高安全管理水平
	10月	外交部	《全球人工智能治理倡议》	围绕人工智能发展、安全、治理三个方面系统阐述了人工智能治理中国方案，提出11项倡议，包括：坚持“以人为本”、尊重他国主权、坚持“智能向善”、坚持平等互利、推动建立风险等级测试评估体系、逐步建立健全法律和规章制度、坚持公平性和非歧视性原则、坚持伦理先行、坚持广泛参与和协商一致及循序渐进的原则、积极发展相关技术开发与应用、增强发展中国家的代表性和发言权等

续表

时间		发布单位	政策	主要内容
2023年	12月	国家发展改革委等五部门	《深入实施“东数西算”工程加快构建全国一体化算力网的实施意见》	提出促进多元异构算力融合发展，提升智能算力在人工智能等领域适配水平，增强计算密集型、数据密集型等业务的算力支撑能力。加强各类算力资源科学布局。积极推动东部人工智能模型训练推理、机器学习、视频渲染、离线分析、存储备份等业务向西部迁移
		国家数据局等17部门	《“数据要素×”三年行动计划（2024—2026年）》	从激活数据要素潜能、总体要求、重点行动等五方面作出要求，部署了“数据要素×智能制造”“数据要素×智慧农业”“数据要素×商贸流通”等12项重点行动。其中，在交通运输、金融服务、科技创新等多个场景均提到了人工智能

附表2　各地区人工智能政策梳理

地区	发布时间		政策名称	重点内容
上海	2019年	9月	《关于建设人工智能上海高地构建一流创新生态的行动方案（2019—2021年）》	加快建设上海“创新策源、应用示范、制度供给、人才积聚”人工智能高地；进一步汇聚各类资源、形成深度共识，培育有助于人工智能高质量发展的良好环境，集聚优势创新资源，聚焦开展专项行动，打响“一流创新生态”品牌
	2021年	12月	《上海市人工智能产业发展“十四五”规划》	进一步发挥人工智能的“头雁效应”，深化人工智能在城市数字化转型中的重要驱动和赋能作用，加快建设更具国际影响力的人工智能“上海高地”，打造世界级产业集群

续表

地区	发布时间		政策名称	重点内容
上海	2022年	9月	《上海市促进人工智能产业发展条例》	按照国家部署实施“东数西算”工程，协同长三角其他省市打造全国一体化大数据中心体系长三角国家枢纽节点，优化数据中心基础设施建设布局，提升数据中心跨网络、跨地域数据交互能力，引导数据中心集约化、规模化、绿色化发展，保障人工智能产业发展算力需求
上海	2023年	7月	《上海市推动人工智能大模型创新发展的若干措施》	上海破解大模型发展“瓶颈”的三年计划：一是大模型创新扶持计划，重点支持上海市创新主体研发具有国际竞争力的大模型，实施专项奖励，加速模型迭代；二是智能算力加速计划，强化大模型智能算力建设力量，建立绿色通道；三是示范应用推进计划，加强大模型在智能制造、教育教学、科技金融、设计创意、科学智能等重要领域的深度应用和标杆场景打造
北京	2023年	5月	《北京市促进通用人工智能创新发展的若干措施》	构建大模型基础软硬件体系：支持研发大模型分布式训练系统，实现训练任务高效自动并行。研发适用于模型训练场景的新一代人工智能编译器，实现算子自动生成和自动优化。推动人工智能训练推理芯片与框架模型的广泛适配，研发人工智能芯片测评系统，实现基础软硬件自动化测评
北京	2023年	5月	《北京市加快建设具有全球影响力的人工智能创新策源地实施方案（2023—2025年）》	到2025年，本市人工智能技术创新与产业发展进入新阶段，基础理论研究取得突破，原始创新成果影响力不断提升；关键核心技术基本实现自主可控，其中部分技术与应用研究达到世界先进水平；人工智能产业规模持续提升，形成具有国际竞争力和技术主导权的产业集群；人工智能高水平应用深度赋能实体经济，促进经济高质量发展；人工智能创新要素高效配置，创新生态更加活跃开放，基本建成具有全球影响力的人工智能创新策源地
北京	2023年	6月	《北京市机器人产业创新发展行动方案（2023—2025年）》	开发并持续完善机器人通用人工智能大模型，挖掘应用场景资源，为模型预训练提供多样化场景数据支持，提高模型通用性和实用性。突破大模型多模数据融合关键技术，研发图像、文本、语音及力、热、电、磁等多模传感数据融合处理的大模型系统。针对各类机器人技术和应用场景特征，开发大模型高效微调算法，推动大模型在机器人领域的深化应用。建设模型优化算法开源平台，打造全行业广泛参与、互动优化的大模型生态，推动模型性能迭代提升

续表

地区	发布时间		政策名称	重点内容
深圳	2019 年	5 月	《深圳市新一代人工智能发展行动计划（2019—2023 年）》	到 2023 年，深圳市人工智能基础理论取得突破，部分技术与应用研究达到世界先进水平，开放创新平台成为引领人工智能发展的标杆，有力支撑粤港澳大湾区建设国际科技创新中心，成为国际一流的人工智能应用先导区。人工智能创新体系初步建立，人工智能新产业、新业态、新模式不断涌现。建成 20 家以上创新载体，培育 20 家以上技术创新能力处于国内领先水平的龙头企业，打造 10 个重点产业集群。人工智能核心产业规模突破 300 亿元，带动相关产业规模达到 6000 亿元
	2022 年	9 月	《深圳经济特区人工智能产业促进条例》	促进深圳经济特区人工智能产业高质量发展，推进人工智能在经济社会领域深度融合应用，规范人工智能产业有序发展，包括基础研究与技术开发、产业基础设施建设、应用场景拓展等方面规范
	2023 年	5 月	《深圳市加快推动人工智能高质量发展高水平应用行动方案（2023—2024 年）》	打造最好生态，推动人工智能高质量发展和全方位各领域高水平应用，打造国家新一代人工智能创新发展试验区和国家人工智能创新应用先导区，努力创建全球人工智能先锋城市，为深圳市高质量发展助力赋能
天津	2018 年	5 月	《天津市关于加快推进智能科技产业发展的若干政策》	推动互联网、大数据、人工智能和实体经济深度融合的重要要求，设立新一代人工智能科技产业基金、建设智能科技人才高地、推进智能科技协同发展等措施
	2020 年	8 月	《天津市建设国家新一代人工智能创新发展试验区行动计划》	到 2024 年，人工智能试验区建设取得显著阶段性成效，综合支撑力、产业聚集力、创新创业活力大幅提升，成为引领全市人工智能产业发展的核心载体，在智慧城市、自主算力引擎、智慧港口、车联网应用等重点领域走在全国前列
	2021 年	12 月	《天津市新一代信息技术产业发展“十四五”专项规划》	到 2025 年，在产业规模、龙头企业培育、创新生态建设、跨界融合等方面取得突破，产业增长潜力充分发挥，成为具有国际影响力的新一代信息技术产业高地。到 2025 年，在经济发展、民生服务、城市管理等领域累计实施示范应用工程 50 项以上，建成国家新一代人工智能创新发展试验区

续表

地区	发布时间		政策名称	重点内容
重庆	2020 年	6 月	《重庆市建设国家新一代人工智能创新发展试验区实施方案》	到 2022 年，人工智能新型基础设施保障体系和政策支撑体系基本建成，人工智能应用示范取得显著成效，人工智能技术创新和产业发展进入全国第一方阵
	2021 年	12 月	《重庆市数字经济“十四五”发展规划（2021—2025 年）》	构建“算法+算力+数据”人工智能基础设施体系，助推国家新一代人工智能创新发展试验区建设；明确数据采集、脱敏、应用、监管规则，强化对原始数据、脱敏化数据、模型化数据和人工智能数据的动态管理
浙江	2021 年	12 月	《杭州市人工智能产业发展“十四五”规划》	至 2025 年，全面打响杭州“中国视谷”中国经济地理新地标品牌，国家人工智能创新应用先导区和新一代人工智能创新发展试验区建设成效明显，成为全国人工智能技术创新策源地、全国城市数智治理方案输出地、全国智能制造能力供给地、全国数据使用规则首创地、全国人工智能产业发展主阵地，人工智能产业营业收入达到 3000 亿元以上，年均增长 15% 以上，实现增加值 660 亿元以上，人工智能社会融合应用项目达到 200 个以上，综合实力稳居国内第一梯队，成为具有全球影响力的人工智能“头雁”城市
	2023 年	2 月	《浙江省元宇宙产业发展行动计划（2023—2025 年）》	在 AR/VR/MR、区块链、人工智能等元宇宙相关领域建设一批重点实验室、工程研究中心等，引育 10 家以上行业头部企业，打造 50 家以上细分领域“专精特新”企业，形成一批重大科技成果和标志产品
	2023 年	12 月	《浙江省人民政府办公厅关于加快人工智能产业发展的指导意见》	到 2027 年，人工智能核心技术取得重大突破，算力算法数据有效支撑，场景赋能的广度和深度全面拓展，全面构建国内一流的通用人工智能发展生态，培育千亿级人工智能融合产业集群 10 个、省级创新应用先导区 15 个、特色产业园区 100 个，人工智能企业数量超 3000 家，总营业收入突破 10000 亿元，成为全球重要的人工智能产业发展新高地
	2022 年	1 月	《建设杭州国家人工智能创新应用先导区行动计划（2022—2024 年）》	以培育人工智能产业集群为主攻方向，以融合应用为先导，提出了“全国人工智能技术创新策源地、城市数智治理方案输出地、智能制造能力供给地、数据使用规则首创地、人工智能产业发展主阵地”五个地的建设目标，最终形成十大具有全国引领性和杭州辨识度的标志性成果，为高水平打造“数智杭州·宜居天堂”提供有力支撑，为全国人工智能创新发展提供“杭州样本”“杭州经验”

续表

地区	发布时间		政策名称	重点内容
浙江	2023年	7月	《杭州市人民政府办公厅关于印发加快推进人工智能产业创新发展的实施意见的通知》	杭州作为国家新一代人工智能创新发展试验区和国家人工智能创新应用先导区，始终将人工智能作为杭州强力推进数字经济创新提质“一号发展工程”的关键引擎。面对新形势、新变化，杭州需要紧抓通用人工智能带来的时代性机会，通过政策引领，加快推进人工智能产业创新发展，为高水平重塑全国数字经济第一城、奋力推进“两个先行”提供有力支撑
江西	2017年	9月	《关于加快推进人工智能和智能制造发展的若干措施》	明确人工智能和智能制造主攻领域；推动人工智能和智能制造重大项目建设；促进人工智能和智能制造产业集聚；培育引进一批人工智能和智能制造骨干企业；支持人工智能和智能制造推广应用；提升人工智能和智能制造研发创新能力；支持人工智能和智能制造企业开拓市场等12条政策
	2022年	5月	《江西省“十四五”数字经济发展规划》	紧跟新一代信息技术发展步伐，积极布局VR、“元宇宙”及数字孪生、信息安全和数据服务、物联网、智能网联汽车、无人机等新兴领域，前瞻布局量子信息、卫星互联网、区块链、人工智能等前沿领域，力争实现“弯道超车”“换车超车”，为全省数字经济发展注入新动力
	2023年	1月	《江西省推进大数据产业发展三年行动计划（2023—2025年）》	推动新一代人工智能技术的产业化与集成应用，强化创新策源，加快发展智能器件、智能芯片、智能语音及翻译，智能图像处理等，打造国家新一代人工智能创新发展试验区。以南昌、九江、吉安、赣州等为重点，推动人工智能算法、算力、数据三大要素融合互促，夯实人工智能产业发展基础。强化基础算法模型的落地能力，推进面向行业的各类应用算法研发。加大算力建设力度，提升人工智能计算加速资源比例，打造基于人工智能的加速器体系。支持南昌、九江、赣州、宜春、上饶等地做大做强数据中心。加快研发并应用高精度、低成本的智能传感器，突破面向云端训练、终端应用的神经网络芯片及配套工具，积极布局面向人工智能应用设计的智能软件。积极培育人工智能控制产品、智能理解产品、智能硬件产品，开展人工智能应用示范，建设若干人工智能产业集聚区

续表

地区	发布时间		政策名称	重点内容
广东	2018年	7月	《广东省新一代人工智能发展规划》	从科研前瞻布局、创新平台体系、产业集约集聚发展、多元创新生态层面明确了广东省人工智能的四大规划要点，为广东省人工智能产业制定了“三步走”的发展目标
	2018年	10月	《广东省新一代人工智能创新发展行动计划（2018—2020年）》	再次重申了发展目标，到2020年，广东省人工智能产业核心规模突破500亿元，带动相关产业规模达到3000亿元。此外，明确了广东省人工智能发展的主要任务为五个计划——人工智能重大科技攻关计划、人工智能开放创新平台跃升计划、人工智能创新应用示范计划、人工智能创新型产业集群崛起计划、人工智能产业生态构建计划
	2022年	12月	《广东省新一代人工智能创新发展行动计划（2022—2025年）》	力争到2025年，广东省人工智能前沿与基础理论研究院取得突破，部分关键技术与应用研究达到世界先进水平，开源开放共享创新平台成为引领人工智能发展的标杆，力争形成高端引领、开放共享、自主可控、基础夯实的人工智能一流创新生态，产业集聚效应更加明显，涌现出一批世界一流人工智能企业
	2023年	11月	《广东省人民政府关于加快建设通用人工智能产业创新引领地的实施意见》	到2025年，智能算力规模实现全国第一、全球领先，通用人工智能技术创新体系较为完备，人工智能高水平应用场景进一步拓展，核心产业规模突破3000亿元，企业数量超2000家，将广东打造成为国家通用人工智能产业创新引领地，构建全国智能算力枢纽中心、粤港澳大湾区数据特区、场景应用全国示范高地，形成“算力互联、算法开源、数据融合、应用涌现”的良好发展格局
广西	2021年	10月	《广西科技创新“十四五”规划》	把握信息技术全方位跨界融合趋势，坚持技术研发、产品研制和融合应用，加强人工智能、5G、区块链、北斗导航、物联网、大数据云计算、智能终端、高端应用软件等领域关键技术攻关，重点在新一代人工智能领域实施一批科技重大专项，促进新技术和新产品研发与应用，抢占新一代信息技术创新制高点
	2022年	12月	《中国—东盟信息港建设实施方案（2022—2025年）》	与柬埔寨、老挝、马来西亚、缅甸等东盟国家开展新型算力基础设施建设合作，联合建设中国—东盟“智能计算”国际服务走廊，为东盟国家政府和企业提供云计算、人工智能算力算法服务。推动中国—东盟人工智能计算中心、澜湄云计算中心等面向东盟的数字基础设施建设

续表

地区	发布时间		政策名称	重点内容
山东	2019年	5月	《山东省人民政府关于大力推进“现代优势产业集群+人工智能”的指导意见》	到2025年，全省人工智能产业发展水平进入全国领先行列，部分技术达到国际先进水平；人工智能与“十强”现代优势产业集群更加紧密，新业态新模式大规模推广应用，“十强”现代优势产业集群发展质量和效益大幅提升，成为全国一流乃至世界有重要影响的产业集群
	2020年	11月	《山东省新基建三年行动方案（2020—2022年）》	加快发展人工智能。推动建设人工智能研发服务平台和应用创新平台，到2022年培育5个人工智能开放平台和15个以上技术转化平台。加快建设济南—青岛人工智能创新应用先导区，壮大济南国家新一代人工智能创新发展试验区、青岛国际机器人产业园，培育形成济南、青岛、烟台、潍坊、威海5个人工智能产业聚集区。到2022年，建设10个人工智能特色产业园区，人工智能相关产业规模超过500亿元
	2021年	9月	《山东省“十四五”科技创新规划》	围绕建设数字强省重大需求，开展5G、人工智能、区块链、工业互联网、量子通信、集成电路等领域关键共性技术研究，巩固山东省在高端服务器、高效网络存储、网络空间安全等领域技术优势，加快建设济南国家新一代人工智能创新发展试验区、山东半岛工业互联网示范区，积极创建青岛国家新一代人工智能创新发展试验区，推动新一代信息技术与经济社会融合创新发展，支撑数字经济核心产业快速发展
	2023年	1月	《山东省新一代信息技术创新能力提升行动计划（2023—2025年）》	到2025年，山东省新一代信息技术创新能力全国领先，成为支撑高水平创新型省份建设、推动绿色低碳高质量发展的硬核力量，国家新一代人工智能创新发展试验区等创新载体建设迈向更高水平
四川	2018年	9月	《四川省新一代人工智能发展实施方案》	围绕四川省装备制造、军民融合、民生及社会治理等关键领域，大力发展“人工智能+军民融合”新模式，加快提升社会治理和民生服务的智能化水平
	2022年	8月	《四川省“十四五”新一代人工智能发展规划》	到2025年，人工智能基础理论实现重大突破，部分技术与应用达到世界先进水平，打造一批人工智能特色产业集聚区、国家级创新平台、典型应用场景，培育一批人工智能创新标杆企业，智能社会建设取得积极进展

续表

地区	发布时间		政策名称	重点内容
江苏	2021 年	8 月	《江苏省“十四五”数字经济发展规划》	建设支撑有力的新技术基础设施。大力发展多层级人工智能平台，形成涵盖基础技术开发平台、应用性支撑平台和创业创新服务平台的人工智能发展支撑体系，提供高水平可普及的技术开发、开源代码托管、安全防护处置等人工智能服务能力
	2023 年	2 月	《关于推动战略性新兴产业融合集群发展的实施方案》	建设人工智能产业集群。加快自主学习、群体智能等前沿领域技术突破，支持领军企业、机构建设语音识别、脑机接口等国家级新一代人工智能开放创新平台，加强开源算法平台、超算中心等开放应用，构建理论突破、数据驱动、开放共享、赋能百业的人工智能产业体系，打造全国人工智能技术创新引领区和产业发展高地
	2023 年	11 月	《省政府关于加快培育发展未来产业的指导意见》	优先发展通用智能。积极创建国家新一代人工智能开放创新平台、国家新一代人工智能公共算力开放创新平台，加快通用人工智能技术研发及产业化，前瞻布局类脑智能技术，积极开展 AI 大模型技术研究，加快发展人工智能服务业、智能制造业
	2023 年	6 月	《苏州市人工智能产业创新集群行动计划（2023—2025 年）》	到 2025 年，苏州国家新一代人工智能创新发展试验区建设取得明显成效，成为全国领先的产业发展集聚地、技术创新策源地和创新应用示范区，智能制造、智慧医疗、智慧交通、智能机器人等细分领域成为标杆示范。持续推进人工智能与各行各业实体经济深度融合发展，打造具有全国影响力的人工智能产业创新集群
湖北	2020 年	9 月	《湖北省新一代人工智能发展总体规划（2020—2030 年）》	到 2022 年，人工智能发展环境和基础设施不断完善，人工智能产业规模、技术创新能力和应用示范处于全国第一方阵，初步形成具有国内影响力的人工智能创新应用先导区及产业集聚区
	2021 年	12 月	《湖北省人工智能产业“十四五”发展规划》	到 2025 年，湖北省人工智能产业总体发展水平进入全国第一方阵，打造形成国内有重要影响力的人工智能创新核心区、应用先导区、产业集聚区

续表

地区	发布时间		政策名称	重点内容
湖北	2023 年	8 月	《武汉建设国家人工智能创新应用先导区实施方案（2023—2025 年）》	到 2025 年，武汉市在图计算、数据治理、大模型、机器视觉、遥感图像解析等人工智能领域形成 10 项以上首创性技术，打造 1 个以上通用大模型、10 个以上行业模型、5 个以上公共数据集，人工智能应用场景超过 400 项，产业规模达到 1000 亿元，形成算力、算法、数据、场景“四位一体”协同发展生态，初步建成全国重要的人工智能科技策源高地、算力算法创新高地、产业集聚高地、场景应用高地和人才培养高地
	2023 年	11 月	《湖北省推进人工智能产业发展三年行动方案（2023—2025 年）》	实施以武汉、襄阳、宜昌三大科创中心为核心支撑，以“光谷”“车谷”“网谷”三大区域载体为先导引领，以产业底座、融合应用、行业服务三大核心领域为突破方向的“333”发展路径，将湖北打造成为我国人工智能技术创新、应用示范和产业发展高地
湖南	2019 年	2 月	《湖南省人工智能产业发展三年行动计划（2019—2021 年）》	到 2021 年，全省人工智能核心产业规模达到 100 亿元，带动相关产业规模达到 1000 亿元，人工智能产业总体水平位居全国前列，人工智能产业链不断完善，基础支撑持续增强，初步形成具有国内重要影响力的人工智能创新引领区、人工智能产业集聚区和人工智能应用示范区
	2021 年	8 月	《湖南省“十四五”战略性新兴产业发展规划》	统筹规划云计算、大数据中心，加强人工智能算力基础设施布局，建设完善“城市超级大脑”，探索建设数字孪生城市。强化创新融合应用，推动人工智能、云计算、大数据等在经济社会各领域创新应用
	2022 年	6 月	《湖南省强化“三力”支撑规划（2022—2025 年）》	积极推进长沙人工智能创新中心、马栏山视频文创园视频超算中心建设，打造智能算力、通用算法和开发平台一体化的新型智能算力设施。2022 年人工智能算力达 200PFLOPS，2025 年达到 1500PFLOPS
	2023 年	3 月	《湖南省“智赋万企”行动方案（2023—2025 年）》	聚焦重点领域。通过“十大技术攻关”“揭榜挂帅”等方式，加大新一代半导体、新型显示、基础电子元器件、关键软件、人工智能、大数据、先进计算、高性能芯片、智能传感等重点领域核心技术创新力度，提升基础软硬件、核心电子元器件、关键基础材料供给水平，突破数字孪生、边缘计算、区块链、智能制造等集成技术

续表

地区	发布时间		政策名称	重点内容
安徽	2018年	5月	《安徽省新一代人工智能产业发展规划（2018—2030年）》	到2025年，重点前沿理论和应用技术在部分领域取得突破。相关技术在智能农业、智能制造、智能医疗、智慧城市等领域得到广泛应用，在智能无人设备、服务机器人等领域确立竞争优势，培育若干具有国际先进水平的人工智能企业和人才团队。人工智能产业规模达到500亿元，带动相关产业规模达到4500亿元。到2030年，人工智能产业规模达到1500亿元，带动相关产业规模达到1万亿元
	2019年	9月	《安徽省新一代人工智能产业基地建设实施方案》	到2025年，人工智能关键核心技术和重点应用领域达到世界先进水平，人工智能新产业、新业态、新模式加速涌现，智能语音（中国声谷）、智能机器人、智能家居、智能网联汽车、类脑智能等人工智能产业基地核心竞争力进一步增强，产业集聚度进一步提升，围绕医疗、教育、健康、养老、公共安全等领域人工智能技术研发和产品开发应用，培育一批新的产业集群，成为全国新一代人工智能创新应用先导区、产业发展集聚区和创新发展示范区
	2022年	1月	《安徽省“十四五”科技创新规划》	聚焦脑认知、类脑智能、计算智能、芯片与系统、科技伦理等方向，布局建设“一院多中心”，争创国家级人工智能研究平台，建成具有国际影响力的人工智能创新高地
	2023年	10月	《安徽省通用人工智能创新发展三年行动计划（2023—2025年）》	力争到2025年，充裕智能算力建成、高质量数据应开尽开、通用大模型和行业大模型全国领先、场景应用走在国内前列、大批通用人工智能企业在皖集聚、一流产业生态形成，推动安徽省率先进入通用人工智能时代
	2023年	11月	《打造通用人工智能产业创新和应用高地若干政策》	为抢抓通用人工智能发展战略机遇，加速赋能千行百业，推动安徽省率先进入通用人工智能时代，在强化智能算力供给、保障高质量数据供给、建立技术支撑体系等领域提出15条政策
河北	2021年	11月	《河北省科技创新“十四五”规划》	以“数字产业化、产业数字化”为主线，发挥数据资源基础作用，推动关键技术研发，提升创新能力，在大数据、人工智能、区块链等现代化数据领域突破一批关键核心技术，形成一批重大创新成果

续表

地区	发布时间		政策名称	重点内容
河北	2021 年	12 月	《河北省新一代信息技术产业发展“十四五”规划》	推进终端整机与信息消费、大数据、人工智能的融合创新，加快人机交互、生物特征识别、计算机视觉、VR/AR 等关键技术在手机、平板、智能可穿戴设备、导航终端、智能网联汽车等终端应用，提升终端智能化水平
	2023 年	1 月	《加快建设数字河北行动方案（2023—2027 年）》	加快人工智能基础设施建设。推进雄安城市计算中心、雄安（衡水）先进超算中心、廊坊人工智能计算中心等重点项目建设。面向车联网、智慧医疗、数字创意等行业应用，建设多场景的控制操作模拟训练平台。依托骨干高校和人工智能优势企业，建设人工智能基础技术开发平台、应用性支撑平台和创新创业服务平台，推动人工智能与 5G、超高清视频、VR/AR（虚拟现实/增强现实）、集成电路、车联网等重点领域的融合应用创新
河南	2019 年	1 月	《河南省新一代人工智能产业发展行动方案》	力争经过 3~5 年努力，河南省人工智能产业发展取得重要进展。国内外骨干企业在河南省展开产业和应用普遍布局，人工智能核心产业发展生态系统基本形成，新一代智能制造、智能物流、智慧公共服务等重点领域进入全国先进行列；引进培育 3~5 家国内有影响力的人工智能领军企业，建设 3~5 个人工智能应用示范区，人工智能核心产业及相关产业规模超过 500 亿元，在国家人工智能产业格局中占有重要地位
	2022 年	2 月	《河南省“十四五”数字经济和信息化发展规划》	新一代人工智能。加强人工智能关键共性技术攻关，重点突破图象识别感知、数字图像处理、语音识别、智能判断决策等核心应用技术，引进一批人工智能龙头企业，做强智能网联汽车、智能机器人、智能无人机、智能计算设备等智能产品，加快推进中原人工智能计算中心、中原昇腾人工智能生态创新中心建设。拓展“智能+”应用领域，推进无人驾驶、智能家居、智能农机、智慧物流等示范应用。举办国际智能网联汽车大赛，加快建设国家新一代人工智能创新发展试验区，打造“中原智谷”，建设具有全国重要影响力的人工智能产业创新发展高地

续表

地区	发布时间		政策名称	重点内容
河南	2023 年	3 月	《2023 年河南省数字化转型战略工作方案》	培育发展人工智能产业。加快中原人工智能计算中心、中原昇腾人工智能生态创新中心建设，拓展“智能+”应用领域，深入推进郑州新一代人工智能创新发展试验区建设，打造 20 个深度应用场景和高水平人工智能应用解决方案
陕西	2019 年	10 月	《新一代人工智能领域科技创新工作推进计划》	将发展新一代人工智能作为陕西省产业转型升级、培育新动能、推动高质量发展的重要抓手，在相关重要领域、关键环节、基础平台、科技应用等方面取得重大突破，支撑引领全省经济追赶超越发展
	2022 年	4 月	《陕西省加快推进数字经济产业发展实施方案（2021—2025 年）》	加大人工智能（AI）芯片、硬件产品研发，促进“5G+云+AI”深度融合。推进人工智能领域创新平台建设，积极谋划一批“AI+”赋能合作项目，支持“AI+”装备制造、教育等应用项目推广。加快建设西安国家新一代人工智能创新发展试验区。到 2025 年，打造 30 个人工智能典型行业示范应用
	2022 年	11 月	《陕西省“十四五”数字经济发展规划》	加快人工智能在旅游、物流、医疗、教育、城市管理、交通等领域的实验与应用。建设西安新一代国家人工智能创新发展试验区，研发一批国内外知名的人工智能产品及服务，积极拓展人工智能在智能制造、数字文旅等领域融合发展应用示范。重点推进西安高新区交叉信息核心技术研究院、泾河新城西电人工智能创新发展基地等载体和平台建设，支撑人工智能产业加快发展
山西	2021 年	4 月	《山西省“十四五”新基建规划》	打造人工智能应用示范高地。推动生物识别、计算机视觉、自然语言处理、自主无人系统、深度学习等人工智能核心能力实现突破，力争部分领域进入全国先进行列。搭建新一代高性能人工智能开源框架、公共计算、数据开放、评估验证等平台，为各产业领域提供人工智能应用服务，为经济社会数字化、智能化发展蓄势赋能。推动人工智能基础数据产业基地建设，培育专业数据标注企业集群，促进人工智能产业高质量发展。推进人工智能在教育、医疗、安防、智能终端、装备制造、移动支付等领域率先应用

续表

地区	发布时间		政策名称	重点内容
山西	2021年	8月	《山西省加快推进数字经济发展的实施意见》	培育发展人工智能产业。积极探索创新人工智能领域数据服务模式、资金支持方式，推动建立完善相关法律制度。培育建设人工智能基础数据、安全检测等创新平台。鼓励在高精度传感器、智能机器人、智能网联汽车、智能物流、智慧医疗、智能文旅、智能制造等领域开展人工智能融合应用，加快培育发展人工智能产业
	2022年	9月	《山西省“十四五”软件和信息技术服务业发展规划》	搭建人工智能基础资源和公共服务平台，加快推动企业上云、深度用云，推动各行业领域信息系统向云平台迁移。推动云计算与人工智能、5G、虚拟现实等技术融合发展，促进基于云计算的业务模式和商业模式创新
贵州	2018年	6月	《省人民政府关于促进大数据云计算人工智能创新发展加快建设数字贵州的意见》	到2020年，信息化驱动现代化能力明显提升，互联网、大数据、云计算、人工智能等新一代信息技术在经济社会各领域广泛应用，经济发展的数字化、网络化、智能化水平，社会治理的精准化、科学化、高效化水平，公共服务的均等化、普惠化、便捷化水平明显提升，初步形成融合深入、产业繁荣、共享开放、治理协同、保障有力的数字贵州发展格局，有力助推全省发展
	2023年	2月	《贵州省数字经济发展创新区标准化体系建设规划（2023—2025年）》	围绕人工智能产品和应用、智能网联汽车产业、数字内容衍生产品、大数据安全和元宇宙等新兴数字产业，积极研制知识图谱技术要求及测试评估规范，探索研制面向机器学习的系统技术规范、人工智能平台计算资源、生物特征识别技术规范等
云南	2019年	11月	《云南省新一代人工智能发展规划》	到2025年，云南省新一代人工智能产业体系日益完备，部分特色领域达到全国先进水平，科技创新体系逐步完善，面向云南周边、南亚东南亚地区输出人工智能技术产品和应用服务。大数据、高效能计算、边缘计算等人工智能基础设施达到一定水平。到2030年，形成涵盖核心技术、关键系统、支撑平台和智能应用的较为完备的新一代人工智能产业体系

续表

地区	发布时间		政策名称	重点内容
云南	2022 年	4 月	《云南省数字经济发展三年行动方案（2022—2024 年）》	培育人工智能产业。大力推动人工智能技术在南亚东南亚国家多语种、智能制造、智慧城市、智慧教育等领域应用，培育人工智能重点产品和龙头企业。开展人工智能在医疗、旅游、农业、教育等领域的应用示范，推进人工智能技术与各领域融合。每年评选 10 个人工智能省级典型示范应用
内蒙古	2021 年	10 月	《内蒙古自治区“十四五”数字经济发展规划》	大力发展人工智能产业。积极研发人工智能翻译、生产智能软硬件、智能机器人、智能运载工具、智能终端等产品，推动人工智能与各行业融合创新。推动人工智能规模化应用，全面提升制造业、农牧业、物流、金融、商务等产业智能化水平。支持和引导企业在设计、生产、管理、物流和营销等核心业务环节应用人工智能新技术
	2023 年	10 月	《内蒙古自治区推动数字经济高质量发展工作方案（2023—2025 年）》	部署车联网等设施，推动与北斗、人工智能等融合应用，支持建设华为人工智能自动驾驶算法训练等试验场，服务数字化转型。各盟市推进智能传感、大数据、云计算、边缘计算、人工智能、数字孪生等新一代信息技术与传统基础设施融合发展、集成创新，推动交通、物流、能源、水利、市政等传统基础设施“数字+”“智能+”升级
黑龙江	2022 年	8 月	《黑龙江省科技振兴行动计划（2022—2026 年）》	重点开展人工智能基础理论、自适应长期生存软件的基础理论、数据与智能科学的理论体系、智能感知与传感理论、半导体集成化芯片系统、第三代功率半导体封装等研究，组织优势单位加快 5G、大数据、物联网、云计算、人工智能等新一代信息技术在产业数字化关键环节的应用技术攻关
	2023 年	12 月	《黑龙江省加快推动制造业和中小企业数字化、网络化、智能化发展若干政策措施》	推动人工智能创新应用。对接国家通用人工智能创新工程，组织哈尔滨工业大学、哈尔滨工程大学等高校开展算力、算法、数据等底层技术开发，推动更多人工智能底层核心技术和应用方案列入国家重点工程，加快推进产业化。依托哈尔滨工业大学人工智能产教融合创新平台等载体，推进人工智能通用大模型等技术研发和应用落地，引进培育人工智能专业人才

续表

地区	发布时间		政策名称	重点内容
吉林	2017年	12月	《吉林省人民政府关于落实新一代人工智能发展规划的实施意见》	到2030年，形成特色鲜明、优势明显的新一代人工智能科技创新体系和产业发展体系，科技创新能力明显提升，人工智能与科技、经济、社会发展高度融合，新经济的带动作用明显增强
	2021年	12月	《吉林省战略性新兴产业发展“十四五”规划》	加强人工智能基础提升与应用。引导具备基础条件的企业推进生产线智能化改造，推动智能制造关键技术装备开发应用。强化面向人工智能的模型训练库和验证库，支持人工智能产业支撑体系建设，推动建立人工智能开源开放平台。面向智慧出行、智慧医疗、智慧教育、智慧文旅、智慧康养和智能安防等领域，推动开展人工智能场景应用示范，促进人工智能与实体经济融合发展
	2023年	12月	《加快推进吉林省数字经济高质量发展实施方案（2023—2025年）》	抢抓人工智能产业。聚焦智能传感器、智能机器人、智能网联汽车等领域，加强核心技术攻关。积极推动智能化工厂、数字化智能生产车间、智能网联汽车等人工智能领域项目建设。推动国内外龙头企业在吉设立人工智能子公司，发展一批具有核心竞争力的创新型领军企业，打造一批“专精特新”人工智能企业。推动人工智能产业创新中心、智能制造产业园、AI双创基地等人工智能产业园区建设发展，打造全省智能“工具箱”。推动人工智能与生物、医药、教育、养老、家居等特色行业融合应用，积极谋划一批“AI+”赋能合作项目，力争每年打造不少于10个深度应用场景和高水平人工智能应用解决方案
辽宁	2017年	12月	《辽宁省新一代人工智能发展规划》	到2030年人工智能理论、技术与应用总体达到国内先进水平，成为东北亚人工智能创新中心，智能经济、智能社会建设取得明显成效，核心产业规模超过400亿元，带动相关产业规模超过4000亿元，为跻身全国创新型省份前列奠定重要基础
	2022年	2月	《辽宁省“十四五”科技创新规划》	加快人工智能、机器学习、纳米科技、合成生物等前沿交叉学科发展

续表

地区	发布时间		政策名称	重点内容
福建	2021 年	11 月	《福建省“十四五”数字福建专项规划》	依托省内知名高校、科研院所，加强人工智能基础算法、理论研究和学科交叉研究。依托龙头企业，加大人工智能芯片、机器人等攻关力度，重点突破一批人工智能与产业新体系融合的“卡脖子”技术
	2022 年	3 月	《2022 年数字福建工作要点》	做大做强 5G、大数据、卫星应用等特色优势产业，培育发展人工智能、区块链、超高清视频及电竞等未来产业
	2023 年	9 月	《福建省促进人工智能产业发展十条措施的通知》	为深入贯彻落实国家发展新一代人工智能的工作部署，打造人工智能产业发展东南创新高地，推动人工智能与实体经济深度融合，助力数字应用第一省建设，提出布局提升算力基础、提供普惠算力服务等十条措施
宁夏	2021 年	9 月	《宁夏回族自治区数字经济发展“十四五”规划》	推进人工智能、5G、物联网、区块链等技术开发应用；打造一批融合 5G、人工智能、区块链等技术的数字基础设施；推动人工智能技术在农业、工业、水利、城市建设、民生服务、政府治理等领域的应用开发，加大与东部沿海城市的技术合作，积极推进产研结合、产投融合发展
	2023 年	8 月	《促进人工智能创新发展政策措施》	支持人工智能创新应用先导区、人工智能产业基地、科技企业孵化器、“飞地园区”等产业载体建设，加速孵化招引一批人工智能初创企业，重点培育一批“专精特新”和行业“链主”企业
甘肃	2018 年	8 月	《甘肃省新一代人工智能发展实施方案》	到 2030 年，新一代人工智能竞争力显著增强。人工智能理论、关键技术在部分领域达到国内领先水平，智能经济、智能社会发展取得明显成效，建成更加完善的人工智能政策法规体系

续表

地区	发布时间		政策名称	重点内容
甘肃	2021年	9月	《甘肃省“十四五”数字经济创新发展规划》	加快引进国内外人工智能领军企业，推进人工智能在民生领域的融合应用，促进技术集成和商业模式创新。整合省内高校人才资源，联合国内外顶级人工智能机构，打造一流的人工智能超算产业基地
	2021年	9月	《甘肃省“十四五”科技创新规划》	完善集成电路产业链，带动大数据、软件与信息技术服务、智能终端等产业发展，加大人工智能、信息光子、先进计算、数字孪生等新一代信息技术的推广应用力度，促进信息技术向各行业广泛渗透与深度融合，提供数字转型、智能升级、融合创新等服务
新疆	2022年	11月	《新疆维吾尔自治区数字政府改革建设方案》	建设公共技术支撑平台，提供人工智能、视频融合、密码保障、融合通信、地理信息、区块链等技术公共支撑能力
	2023年	4月	《新疆维吾尔自治区虚拟现实和工业应用融合发展实施方案（2023—2026年）》	积极探索虚拟现实技术与5G、人工智能、云计算、大数据、区块链等新一代信息技术深度融合发展，提升“虚拟现实+”赋能能力
海南	2022年	2月	《海南省创新型省份建设实施方案》	加快发展战略性新兴产业和优势产业。优化创新创业生态，大力发展互联网、物联网、大数据、人工智能、区块链、电子信息、信息安全等数字产业